高等职业教育机电类专业系列教材

工业机器人编程与调试
（ABB）

主　编　敖冰峰

副主编　乔　阳　曹克刚

参　编　杨宏帅　张祎玮　王　莹

机械工业出版社

本书根据高等职业教育的特色和要求，采用项目化方式进行内容设计和编写，项目内容由浅入深，每个项目由多项任务组成，在任务中进行相关知识点的介绍，体现了教、学、做一体化的理念。

本书内容围绕机器人基本工作站展开。全书共 6 个项目计 17 个任务，主要内容包括配置机器人参数、机器人轨迹编程、模拟焊接功能的实现、码垛编程、机器人仿真工作站的建立和搬运编程。所选项目具有典型性、实用性和可操作性，难度适中。

本书可作为高等职业院校机电一体化技术、工业机器人技术和电气自动化技术等专业用教材，也可作为成人高等院校相关专业及专业培训用教材，还可作为机电工程人员和爱好者的参考用书。

本书配有电子课件，凡使用本书作为教材的教师可登录机械工业出版社教育服务网 www.cmpedu.com 注册后下载。咨询电话：010-88379375。

图书在版编目（CIP）数据

工业机器人编程与调试：ABB／敖冰峰主编. —北京：机械工业出版社，2019.5（2024.6 重印）

高等职业教育机电类专业系列教材

ISBN 978-7-111-62784-5

Ⅰ.①工… Ⅱ.①敖… Ⅲ.①工业机器人-程序设计-高等职业教育-教材 Ⅳ.①TP242.2

中国版本图书馆 CIP 数据核字（2019）第 096034 号

机械工业出版社（北京市百万庄大街 22 号 邮政编码 100037）
策划编辑：薛　礼　责任编辑：薛　礼
责任校对：佟瑞鑫　封面设计：鞠　杨
责任印制：单爱军
北京虎彩文化传播有限公司印刷
2024 年 6 月第 1 版第 7 次印刷
184mm×260mm · 8.5 印张 · 206 千字
标准书号：ISBN 978-7-111-62784-5
定价：30.00 元

电话服务　　　　　　　　　　网络服务
客服电话：010-88361066　　　机 工 官 网：www.cmpbook.com
　　　　　010-88379833　　　机 工 官 博：weibo.com/cmp1952
　　　　　010-68326294　　　金 书 网：www.golden-book.com
封底无防伪标均为盗版　　　机工教育服务网：www.cmpedu.com

前言 PREFACE

本书根据高等职业教育的特点,基于"项目引导、任务驱动"的项目化教学方式进行编写,体现了教、学、做一体化的理念。本书共有 6 个项目计 17 个任务,具体内容包括配置机器人参数、机器人轨迹编程、模拟焊接功能的实现、码垛编程、机器人仿真工作站的建立以及搬运编程。

本书具有以下特点:

1) 体现"项目引导、任务驱动"的特点。从项目出发,采用"项目引导、任务驱动"的方式,按照提出问题→分析问题→解决问题的形式展开。在宏观教学设计上,突破以知识点层次递进为体系的传统模式,将职业工作系统化,以项目为引导,按照任务的完成顺序讲解知识,培养学生的职业技能和职业素养。

2) 体现教、学、做一体化的理念。以学到实用技能、提高职业能力为出发点,以"实做"为中心,在学中做,在做中学,从而完成知识学习、技能训练和提高职业素养的目标。

3) 内容安排由易到难、由简单到复杂,循序渐进。学生能够通过具有典型性、实用性的项目开展学习,完成相关知识的学习和技能的训练。

4) 打破传统的学科体系结构,将各知识点与操作技能恰当地融入各个项目(任务)中,突出现代职业教育的职业性和实践性,强化实践,注重学生的实践动手能力,适应高职学生的学习特点。

5) 本书中讲解内容所对应的工作站环境贴近各院校的机器人基本工作站结构。所介绍的虚拟工作站环境,在没有实际设备的情况下,也可以使用 RobotStudio 软件进行虚拟仿真学习,方便学生课后使用计算机进行复习和练习,具有良好的可操作性。

本书由黑龙江职业学院敖冰峰担任主编,黑龙江职业学院乔阳、黑龙江农业工程职业技术学院曹克刚担任副主编,黑龙江职业学院杨宏帅、黑龙江职业学院张祎玮、黑龙江职业学院王莹参加编写。编写分工为:项目一由曹克刚编写,项目二中任务一由王莹编写,项目二中任务二、任务三由张祎玮编写,项目三由杨宏帅编写,项目四由敖冰峰编写,项目五、项目六由乔阳编写。

本书的编写基于离线编程软件 RobotStudio 6.07.01 版本,所用素材可在机械工业出版社教育服务网 www.cmpedu.com 注册后下载。由于编者水平有限,虽力求完美,但书中难免存在疏漏,敬请读者批评指正。

编　者

目录 CONTENTS

项目一 配置机器人参数
CHAPTER 1

学习目标

一、知识目标

1) 熟知机器人系统的组成。
2) 熟悉备份和恢复 ABB 工业机器人系统程序的操作步骤。
3) 认识 ABB 机器人常用通信的种类。

二、技能目标

1) 会使用 RobotStudio 软件创建 ABB 机器人工作站。
2) 会备份和恢复系统程序。
3) 能够设定 ABB 机器人标准 I/O 板的信号。
4) 会进行不同种类通信的设定。

三、素养目标

1) 养成严谨、认真、细致的工作态度。
2) 形成良好的设备使用、维护与保养习惯。

工作任务

运用 ABB RobotStudio 软件，加载工业机器人，建立机器人系统；进行备份和恢复 ABB 工业机器人系统；学习 ABB 机器人通信知识，掌握 ABB 机器人常用的 I/O 通信方式和通信种类；通过实际设备认识 ABB 机器人标准 I/O 板卡，进行 DSQC652 板卡的设定，为 ABB 机器人建立数字输入信号和数字输出信号。

任务一　配置机器人系统

任务描述

运用 ABB RobotStudio 离线编程软件，加载工业机器人并添加机器人系统，在虚拟示教器中进行系统的备份和恢复操作。

知识引导

一、认识工业机器人

工业机器人是面向工业领域的多关节机械手或多自由度的机器装置，它能自动进行工作，是靠自身动力和控制能力来实现各种功能的一种机器。它可以接受人类指挥，也可以按照预先编制的程序运行。

1. 工业机器人的基本组成

工业机器人通常由执行机构、驱动系统、控制系统和传感系统组成。执行机构指机器人的本体，包括基座、手部、腕部、臂部等；驱动系统指各种电、液、气装置，能够让机器人本体动起来，向执行系统各部件提供动力的装置；控制系统指运动控制装置、位置检测装置、示教再现装置等控制机器人如何运动的装置；传感系统指能够让机器人感知外部信息的装置，如触觉装置、视觉装置和听觉装置等。

2. 工业机器人结构分类

工业机器人按结构可分为直角坐标机器人、柱面坐标机器人、球面坐标机器人、并联多关节机器人及串联多关节机器人（4轴、6轴）。本书以 ABB IRB 120 型 6 轴机器人为主要对象进行介绍。

3. 工业机器人系统的组成

当前工业机器人系统应用最多的为示教再现型，即按照编写程序，示教机器人运动的点位，运行程序，再现机器人运动到各个示教的点位。工业机器人系统主要由机器人本体、示教器、控制柜、以及示教通信线缆、数据交换电缆、电动机驱动电缆和电源供电电缆组成，主要组成部分如图 1-1 所示。

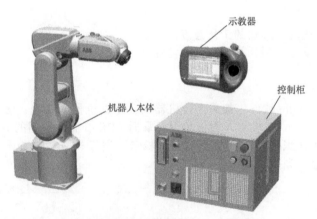

示教器

控制柜

机器人本体

图 1-1　工业机器人系统的主要组成部分

4. 认识控制柜

控制柜左侧包含连接机器人的电缆、连接示教器的电缆以及电源开关，如图 1-2 所示。

右上角的红色按钮为急停按钮，当按下去后，机器人将进入紧急停止状态，机器人停止一切动作。取消急停的方法为：顺时针旋转急停按钮，急停按钮将自动抬起。

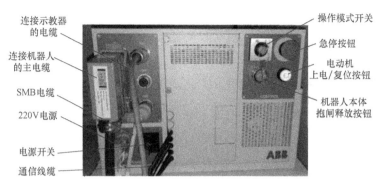

图 1-2 控制柜

右上角插着钥匙的旋钮为操作模式开关，把旋钮旋转到最左侧时将切换为自动模式，机器人将脱离示教器的控制，进入自动运行状态。当把旋钮旋转到右侧时，将切换为手动操作模式，在此模式下可以使用示教器操控机器人及编写程序。

"急停"按钮下面白色的按钮为电动机上电/复位按钮。在切换为自动模式后，电动机上电/复位按钮灯闪烁时，需要按下该按钮使电动机上电，按钮的灯为常亮。手动模式下，电动机上电/复位按钮的灯为闪烁状态。当从急停恢复到正常状态时，需要按一下电动机上电/复位按钮，电动机才可以上电。

二、RobotStudio 软件

为方便初始学习，本项目采用虚拟方式（在项目二中将学习实际设备的使用）使用ABB 离线编程软件——RobotStudio 进行仿真学习。本书中使用的软件版本为 6.07.01 版本。

该软件可以添加机器人及机器人系统，通过虚拟示教器操控机器人，与真实机器人操作几乎一致，学习后在真实设备中操作也会很容易。初始学习只需要添加一个机器人和机器人系统，即可在软件中学习基本操作。

三、备份和恢复 ABB 机器人系统程序

定期对 ABB 机器人的数据进行备份，是保证 ABB 机器人正常操作的良好习惯。ABB 机器人数据备份的对象是所有正在系统内存中运行的 RAPID 程序和系统参数。当机器人系统出现错误或重新安装系统后，可以通过备份快速地把机器人恢复到备份时的状态。

1）在备份 ABB 机器人数据过程中需要注意以下几点：

① 给备份文件命名时，该名字需要具有可描述性。

② 保留创建备份文件时的日期。

③ 将备份文件存在一个安全位置（建议将备份文件保存在 hd0a：\Backup\）。

2）建议在以下情况做系统恢复：

① 如果有任何理由怀疑程序文件损坏，需要做恢复。

② 如果对指令和/或参数的设置做了任何不成功的修改，需要恢复以前的设置。

3）在恢复工业机器人系统时需要注意以下几点：

① 检查要恢复的系统是否正确。

② 在恢复过程中，所有的系统参数被替换，并且所有的备份目录下的模块被重新装载。

③ Home 目录在热启动过程中被复制回新的系统 Home 目录。

实践操作

一、创建 ABB 机器人系统

1）打开 ABB 离线编程软件 RobotStudio，单击"文件"选项卡中的"新建"，选择"空工作站"，然后单击"创建"，创建一个新的工作站，如图 1-3 所示。

图 1-3 建立新的工作站

2）如图 1-4 所示，在当前活动主窗口中可以看到整个界面，包含上方的各选项卡，左

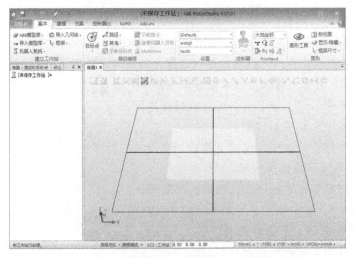

图 1-4 主界面

侧的布局/路径和目标点/标记界面，下方的输出界面。用户可以根据需要选择界面以及摆放位置。

3）在"基本"选项卡中单击"ABB 模型库"，此模型库中包含多款 ABB 机器人、变位机和导轨。在机器人列表中选择"IRB 120"，如图 1-5 所示。

4）在图 1-6 所示的界面中，单击"确定"按钮后，机器人被成功导入工作站，完成工作站基本布局（这里只添加了一个机器人，还可以根据需要添加其他的装置）。

图 1-5 选择 ABB 机器人

图 1-6 机器人"IRB 120"界面

5）完成工作站基本布局之后，需要为工作站导入系统。单击"基本"选项卡中的"机器人系统"，在下拉列表中选择"从布局"，根据布局创建机器人系统，如图 1-7 所示。

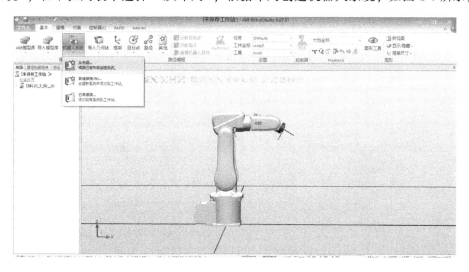

图 1-7 创建机器人系统

6）在系统弹出的如图 1-8 所示的"从布局创建系统"界面中，输入系统名称，这里采用默认名称。单击"浏览"按钮，选择系统保存的位置。为了方便学习，这里将系统保存在 D：\ABB 文件夹下。

RobotWare 是指用于创建 RobotWare 系统的软件和 RobotWare 系统本身，安装完 RobotStudio 软件后系统自动安装。此外，通过 RobotStudio 界面的"Add-Ins"（加载项）选项卡也可以安装不同版本的 RobotWare。如果计算机中安装有多个版本的 RobotWare，则需要在 RobotWare 列表中选择一个，当前选择的是"6.07.01.00"版本，然后单击"下一个"按钮。

7）在图 1-9 所示界面中，可以看到本工作站包含的"机械装置"，然后单击"下一个"按钮。

图 1-8　系统名称和位置设置

图 1-9　选择系统的机械装置

8）在图 1-10 所示的界面中，可以查看已经包含的系统选项，这里单击"选项"按钮。

9）在图 1-11 所示的"更改选项"界面中，"类别"列表中"Default Language"为默认语言，"选项"中"English"被勾选，表明默认语言为英文。此处将"English"取消勾选，然后将"Chinese"勾选，此时默认语言将被更改为中文。

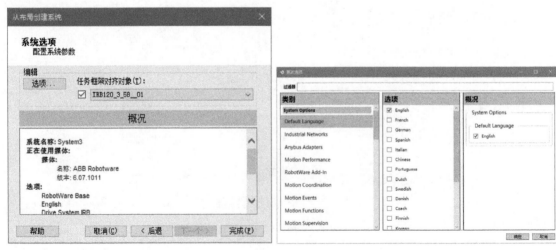

图 1-10　查看系统选项

图 1-11　更改语言

10）"类别"列表中"Industrial Networks"为通信协议单击"Industrial Networks"，"选项"中"709-1 DeviceNet Master/Slave"为 ABB 标配的通信模块，将此选项勾选，如图 1-12

所示。在此只对以上两项进行修改，然后单击右下角"确定"按钮。

11）如图 1-13 所示，可以在界面看到更改后的选项，单击"完成"按钮，完成系统配置。

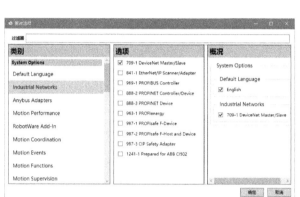

图 1-12　选择通信模块

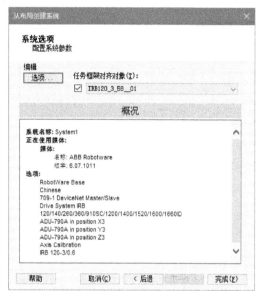

图 1-13　系统参数显示

12）如图 1-14 所示，在整个软件视图的右下角会弹出"控制器状态"窗口，显示系统正在启动。启动过程中，"控制器状态"为红色；启动一段时间后，"控制器状态"由红色转变为黄色继而转变为绿色，代表系统已经安装完成。

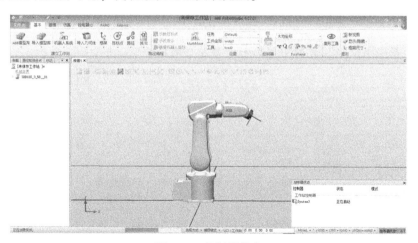

图 1-14　控制器状态

二、备份和恢复 ABB 工业机器人系统

在 RobotStudio 软件中，单击"控制器"菜单，在工具栏中单击"示教器"，系统将会打开虚拟的示教器。在示教器左部为示教器的显示屏，可以用鼠标模拟手指或手写笔进行仿真操作。以下操作均是在虚拟示教器的显示屏中进行的。

使用示教器操纵机器人、设置系统和编制程序，需要在手动模式下进行。在软件中模拟控制柜切换为手动运行的方法是：单击"控制器"菜单，在工具栏中单击"示教器"；在打开的模拟示教器中，单击如图 1-15 所示的"展开控制柜"按钮，打开模拟控制柜；在模拟控制柜上方的白色按钮与真实控制柜"电动机上电"按钮一致，将钥匙上方的手动模式下的"单选"按钮选中，即设定为手动模式。

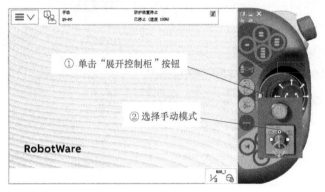

① 单击"展开控制柜"按钮

② 选择手动模式

图 1-15　切换为手动模式

1. 备份系统

1) 首先，在示教器主界面中单击"ABB"主菜单，如图 1-16 所示。

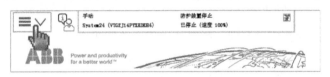

图 1-16　单击"ABB"主菜单

2) 单击"备份与恢复"，打开"备份与恢复"界面，如图 1-17 所示。

3) 在"备份与恢复"界面中，单击"备份当前系统"，如图 1-18 所示。

图 1-17　主菜单界面

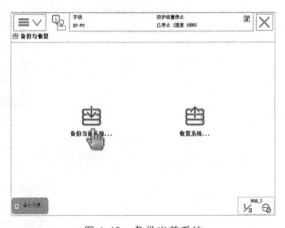

图 1-18　备份当前系统

4) 在"备份当前系统"界面中，单击"ABC"按钮，给生成的备份文件夹命名，单击"…"按钮，选择生成备份文件的路径。然后单击"备份"，等待备份完成，如图 1-19 所示。

2. 恢复系统

1）首先，在示教器中单击"ABB"主菜单，如图1-16所示。

2）如图1-17所示，单击"备份与恢复"，打开"备份与恢复"界面。

3）在"备份与恢复"界面中，单击"恢复系统"，如图1-20所示。

4）在"恢复系统"界面中，单击"…"按钮，如图1-21所示。

5）在图1-22所示的界面中，选择用来恢复系统的备份文件夹，单击"确定"，然后单击"恢复"。

6）在图1-23所示的界面中，单击"是"按钮，则恢复被执行，系统将自动热启动。

图1-19　备份当前系统

图1-20　选择"恢复系统"

图1-21　"恢复系统"界面

图1-22　选择文件夹

图1-23　确定继续

思考与练习

1. 在RobotStudio软件中创建一个IRB 120型工业机器人工作站，工作站中包含机器人和机器人控制柜。

2. 备份系统中的程序文件到 U 盘中。

3. 打开本书提供素材中的"项目一"文件夹，双击"练习1_1_3.rspag"文件，启动 RobotStudio，然后按照提示单击"下一步"逐步完成解压操作。在软件中利用虚拟示教器将素材中"项目一"文件夹内"练习1_1_3备份"文件夹里的内容恢复到机器人系统中。

任务二 配置机器人通信

任务描述

通过对 ABB 机器人通信知识的学习，熟悉 ABB 机器人常用的 I/O 通信方式和通信种类。通过实际设备认识 ABB 机器人标准 I/O 板卡，进行 DSQC652 板卡的设定，为 ABB 机器人建立数字输入信号和数字输出信号。机器人信号见表 1-1。

表 1-1 机器人信号

信号名称	信号类型	信号对应地址
di_05_ssdjc	数字输入	4
do_04_Common_fixture	数字输出	3

知识引导

一、常用的通信种类

ABB 给用户提供了常用的通信功能，具体见表 1-2。利用这些通信功能可以使 ABB 机器人与外围设备进行信息交换。

表 1-2 ABB 机器人常用通信功能

I/O 通信	主站功能（Master）	Device Net	PCI 插槽板卡	标配
		Profibus DP Master	PCI 插槽板卡	选项
		Profi Net IO SW	基于 LAN2、LAN3、WAN 端口	选项
		EtherNet/IP	基于 LAN2、LAN3、WAN 端口	选项
	从站功能（Slave）	DeviceNet	Fieldbus Adapter(Slave)	选项
		Profibus DP	Fieldbus Adapter(Slave)	选项
		ProfiNet IO	Fieldbus Adapter(Slave)	选项
		EtherNet/IP	Fieldbus Adapter(Slave)	选项
		CC-Link	Fieldbus Gateway(Slave)	选项
数据通信	串口通信	RS232	可转换为 RS422、RS485	选项
	Socket	需要 PC Interface 选项	基于 LAN2、LAN3、WAN 端口	选项
	其他	OPC、FTP/NFS Client、DNS、DHCP 等		

除了主计算机之外，ABB 机器人还包括网络通信接口，Device Net、Profibus 总线接口以及 ABB 标准 I/O 板等，这些都是标准控制柜内部的重要组成部分。

图 1-24 所示为标准控制柜内部结构。标准控制柜内将常用的各种通信接口都集成在一起，使内部更加紧凑，使用起来更加方便。其中主要的通信接口如图 1-25 所示，各个接口的名称和作用见表 1-3。

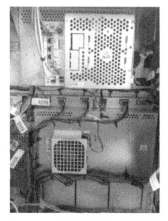

图 1-24　标准控制柜内部结构

图 1-25　控制柜通信接口

表 1-3　通信接口的名称和作用

名称	作用
X1	电源
X2(Service 端口,黄色)	与计算机网口相连
X3(绿色)	示教器接口
X4	局域网接口
X5	局域网接口
X6	广域网接口(使机器人接入 Internet 网络)
X7(蓝色)	面板单元接口
X9(红色)	轴计算机接口
X10、X11	USB 设备 4 个接口

表 1-3 中的通信接口属于数据通信接口，最经常使用的是 I/O 接口。标准控制柜的 I/O 接口如图 1-26 所示，此为 DSQC652 板卡，板卡上集成了 16 个数字输入和 16 个数字输出的 I/O 接口。ABB 提供给用户不同作用的 I/O 板卡，常用的板卡信号能够处理数字输入 DI、数字输出 DO、模拟量输入 AI、模拟量输出 AO 以及输送链跟踪等功能。

二、ABB 标准 I/O 板卡 DSQC651

如图 1-27 所示，DSQC651 板卡主要为用户提供 8 个数字信号输入、8 个数字信号输出和 2 个模

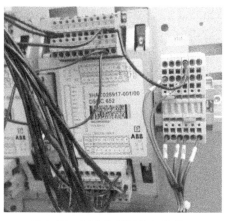

图 1-26　标准控制柜的 I/O 接口

拟量输出信号的处理。

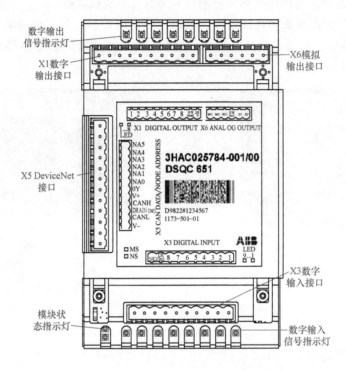

图 1-27 DSQC651 板卡

模块接口连接和地址说明如下：

1）X1 通信接口见表 1-4。

表 1-4 X1 通信接口

编号	使用定义	地址分配
1	OUTPUT CH1	32
2	OUTPUT CH2	33
3	OUTPUT CH3	34
4	OUTPUT CH4	35
5	OUTPUT CH5	36
6	OUTPUT CH6	37
7	OUTPUT CH7	38
8	OUTPUT CH8	39
9	0V	—
10	24V	—

2）X3 通信接口见表 1-5。

表 1-5 X3 通信接口

编号	使用定义	地址分配
1	INPUT CH1	0
2	INPUT CH2	1
3	INPUT CH3	2
4	INPUT CH4	3
5	INPUT CH5	4
6	INPUT CH6	5
7	INPUT CH7	6
8	INPUT CH8	7
9	0V	—
10	NO(未使用)	—

3）X5 通信接口见表 1-6。

需要注意的是，ABB 标准 I/O 板挂在 DeviceNet 网络下，所以用户要设定模块在网络中的地址。端子 X5 的 6~12 跳线用来决定模块在网络中的地址，地址可用范围为 10~63，0~9 地址为系统所用，如图 1-28 所示，DSQC651 板卡上的 DeviceNet 总线接头中，剪断了 8 号、10 号地址针脚，则其对应的总线地址为 2+8＝10。

表 1-6 X5 通信接口

编号	使用定义
1	V-(0V Black)
2	CAN L(CAN 信号线 Low Blue)
3	Drain(NC)(屏蔽线)
4	CAN H(CAN 信号线 High White)
5	V+(24V Red)
6	0V(GND 地址选择公共端)
7	NA0[模块 ID bit 0(LSB)]
8	NA1[模块 ID bit 1(LSB)]
9	NA2[模块 ID bit 2(LSB)]
10	NA3[模块 ID bit 3(LSB)]
11	NA4[模块 ID bit4(LSB)]
12	NA5[模块 ID bit 5(LSB)]

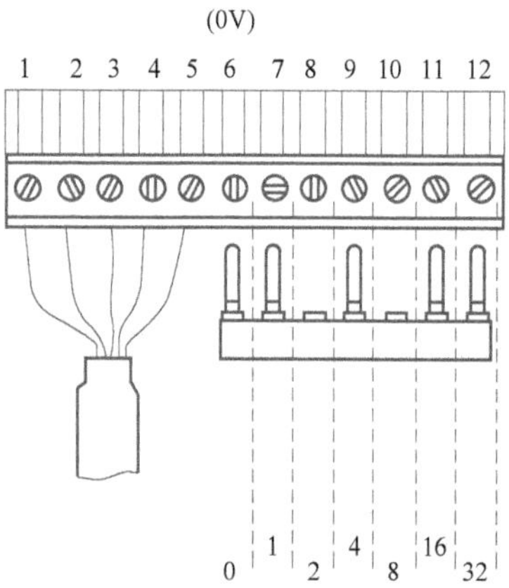

图 1-28 地址选择

4）X6 通信接口见表 1-7。

表 1-7 X6 通信接口

编号	使用定义	地址分配
1	NO(未使用)	—
2	NO(未使用)	—
3	NO(未使用)	—
4	0V	—
5	a1(模拟输出 AO1)	0~15
6	a2(模拟输出 AO2)	16~31

三、ABB 标准 I/O 板卡 DSQC652

有些 ABB 机器人使用 DSQC652 板卡，如图 1-29 所示。此板卡提供 16 个数字输入信号和 16 个数字输出信号供用户使用。

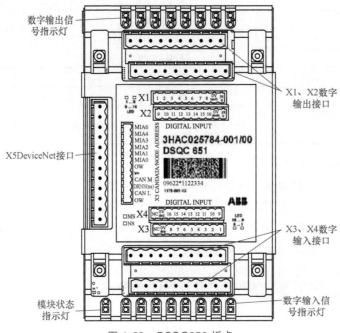

图 1-29　DSQC652 板卡

模块接口连接和地址说明如下：

1）X3 端子接口与 DSQC651 的 X3 端子接口一样，不再列出。

2）X1 通信接口见表 1-8。

表 1-8　X1 通信接口

编号	使用定义	地址分配
1	OUTPUT CH1	0
2	OUTPUT CH2	1
3	OUTPUT CH3	2
4	OUTPUT CH4	3
5	OUTPUT CH5	4
6	OUTPUT CH6	5
7	OUTPUT CH7	6
8	OUTPUT CH8	7
9	0V	—
10	24V	—

X2 通信接口见表 1-9。

表1-9 X2通信接口

编号	使用定义	地址分配
1	OUTPUT CH9	8
2	OUTPUT CH10	9
3	OUTPUT CH11	10
4	OUTPUT CH12	11
5	OUTPUT CH13	12
6	OUTPUT CH14	13
7	OUTPUT CH15	14
8	OUTPUT CH16	15
9	0V	—
10	24V	—

X4通信接口见表1-10。

表1-10 X4通信接口

编号	使用定义	地址分配
1	INPUT CH9	8
2	INPUT CH10	9
3	INPUT CH11	10
4	INPUT CH12	11
5	INPUT CH13	12
6	INPUT CH14	13
7	INPUT CH15	14
8	INPUT CH16	15
9	0V	—
10	未使用	—

实践操作

一、ABB标准I/O板卡DSQC652总线连接

ABB标准I/O板卡都下挂在DeviceNet总线上，所以在设定DSQC652内部信号前，需将其与DeviceNet总线相连，并分配必要的名称和地址信息。

1）单击"ABB"主菜单，选择"控制面板"，如图1-30所示。

2）在图1-31所示的"控制面板"界面中，选择"配置系统参数"。

3）在打开的图1-32所示界面中，选择"DeviceNet Device"选项，单击"显示全部"。

4）在打开的图1-33所示界面中，单击"添加"，添加一个I/O板卡的信息。

5）在打开的图1-34所示界面中，从右侧模板中选择"DSQC 652 24 VDC I/O De-

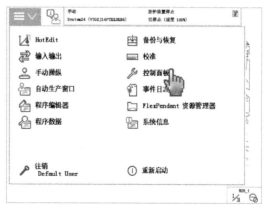

图1-30 选择"控制面板"

vice" 选项。

图 1-31　选择"配置系统参数"

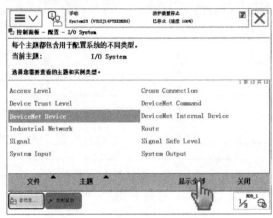

图 1-32　选择"DeviceNet Device"

图 1-33　添加 DeviceNet Device

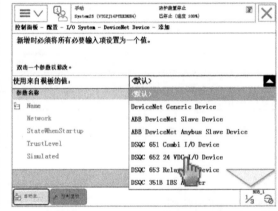

图 1-34　设置 DeviceNet 设备选项

6）这时系统自动生成相关的信息，只需要修改板卡在总线下的地址信息即可。利用右下角箭头（黄色）向下翻页，找到"Address"参数，将其数值改为"10"后单击"确定"，如图 1-35 所示。

7）单击"是"按钮，如图 1-36 所示，重启控制器以便设置生效。

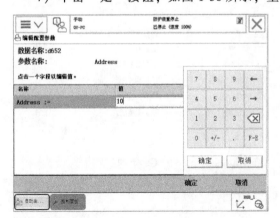

图 1-35　设置总线地址

图 1-36　重新"启动"界面

二、ABB 标准 I/O 板卡 DSQC652 数字输入、输出信号的设置

ABB 标准 I/O 板卡 DSQC 652 的数字输入和输出信号可以用来和外围设备进行简单的数字逻辑通信，输出信号还可以控制外围设备（如电磁阀、继电器）的动作。用户在设置 I/O 信号时，要注意和硬件接线一一对应。硬件接口是通过地址进行区分的，前面的内容已经列出，用户在使用时可以按相应的地址分配对照查找。

1. 数字输入信号 di_ 05_ ssdjc 的设定

1）单击"ABB"主菜单，选择"控制面板"，在"控制面板"中选择"配置系统参数"，选择"Signal"选项，单击"显示全部"，如图 1-37 所示。

2）在弹出的图 1-38 所示界面中单击"添加"，添加一个 I/O 信号的信息，前面带有钥匙标志的信号是系统信号，不要轻易改动。

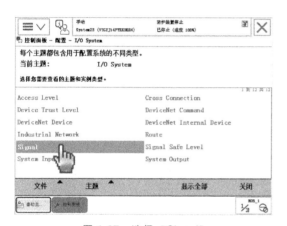

图 1-37 选择 "Signal"

图 1-38 添加 Signal

3）在打开的图 1-39 所示界面中，双击"Name"后，在弹出的界面中输入信号的名称为"di_ 05_ ssdjc"，将"Type of Signal"（信号类型）选择为"Digital Input"，将"Assigned to Device"（信号所在板卡）选择为"d652"，将"Device Mapping"（信号地址）改为"4"。然后单击"确定"，设定完毕。

4）之后，重新启动示教器，以便配置生效。如果还需要设置其他信号，可以单击"否"。所有信号都设定完毕之后，单击"是"，重新启动示教器。

2. 数字输出信号 do_ 04_ Common_ fixture 的设定

数字输出信号和数字输入信号的设置方法基本一致。

1）在图 1-38 所示界面中，单击"添加"，添加一个 I/O 信号的信息。

2）在图 1-40 所示界面中，输入信号的名称、所在的板卡和信号。将"Name"（名称）改为"do_ 04_ Common_ fixture"，将"Type of Signal"（信号类型）改为"Digital Output"，将"Assigned to Device"（信号所在板卡）改为"d652"，将"Device Mapping"（信号地址）改为"3"。然后单击"确定"，设定完毕。

3）重新启动示教器，以便配置生效。

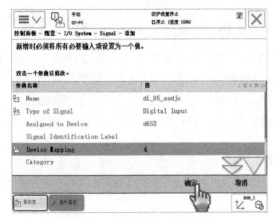

图 1-39　设置输入信号参数

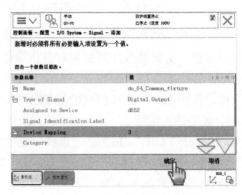

图 1-40　设置输出信号参数

三、I/O 信号的监控与仿真

在 I/O 信号都设定完毕之后，用户在使用之前一般要进行测试，尤其对于数字 I/O 信号，主要确定输出信号能否动作，输入信号能否收到外部信息，因此需要对所设置的 I/O 信号进行监控和仿真。

1) 单击 "ABB" 主菜单，选择 "输入输出"，如图 1-41 所示。

2) 单击右下角 "视图"，打开 "视图" 菜单，在 "视图" 菜单中可以选择所需要信号的类型。单击相应的类型，可以查看所设置的信号，如图 1-42 所示。

图 1-41　选择 "输入输出"

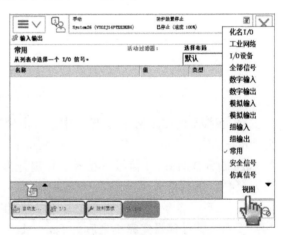

图 1-42　打开 "视图" 菜单

3) 选择 "数字输出" 选项，可以看到用户设置的输出信号，如图 1-43 所示。

4) 进入图 1-44 所示的 "数字输出" 界面，如果需要查看其他信号，可利用前述方法进行切换。

在机器人调试和检修等场合，有时需要测试相应 I/O 信号的状态，ABB 机器人在示教器中提供了对 I/O 信号强制操作和仿真操作功能，以便用户使用。一般对输入信号的检测称为仿真操作，对输出信号的值进行设定称为强制操作。下面介绍几种信号的仿真操作和强制操作。

1）对数字输出信号进行强制操作。在图 1-44 所示界面中，选择"do_ 04_ Common_ fixture"，进入图 1-45 所示界面，单击"仿真"。此时用户可根据实际需要单击 1 或者 0，实现信号仿真。仿真结束后，需要单击"消除仿真"，以免在实际使用时出错。在真实工作站中，可通过对"do_ 04_ Common_ fixture"信号的仿真控制夹爪的开合动作。

2）对数字输入信号进行仿真操作。在"输入输出"界面中，选择"数字输入"选项，如图 1-46 所示，可以看到用户设置的输入信号。

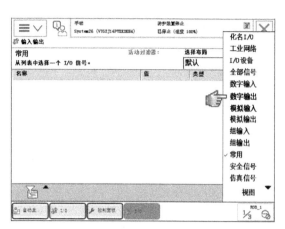

图 1-43　选择要查看的信号

图 1-44　"数字输出"界面

图 1-45　仿真输出

在图 1-47 所示界面中，选中"di_ 05_ ssdjc"，单击"仿真"。此时仿真左侧的 0、1 被点亮，用户可根据实际情况选择将"di_ 05_ ssdjc"仿真为 1 或者 0。如单击"1"，可以看到 di_ 05_ ssdjc 的值变为 1。仿真结束后，需要单击"消除仿真"，以免在实际使用时出错。

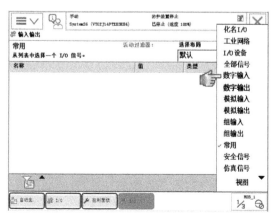

图 1-46　选择数字输入信号

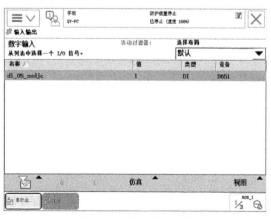

图 1-47　设置输入仿真

思考与练习

某机器人操作实训台需要设定 DSQC652 板卡参数以及板卡上数字输入和数字输出信号，DSQC652 板卡的 8 号和 10 号针脚被剪断，板卡名称设置为 d652，数字输入信号具体要求见表 1-11，数字输出信号具体要求见表 1-12。请在示教器上进行设置

表 1-11　数字输入信号要求

参数名称	设置值	说明
Name	di10_gd	信号名称
Type of Signal	Digital Input	信号类型
Assigned to Device	d652	所在 I/O 模块
Device Mapping	1	信号地址

表 1-12　数字输出信号要求

参数名称	设置值	说明
Name	do10_jz	信号名称
Type of Signal	Digital Output	信号类型
Assigned to Device	d652	所在 I/O 模块
Device Mapping	0	信号地址

项目二 机器人轨迹编程

CHAPTER 2

一、知识目标

1）知晓 6 轴工业机器人的技术参数及使用的安全事项。

2）熟知机器人的关节轴和坐标系。

3）熟知机器人的基本运动指令。

二、技能目标

1）能按照要求熟练使用机器人示教器操控机器人。

2）使用基本运动指令完成机器人的运动轨迹编程。

三、素养目标

1）养成严谨的操作习惯。

2）形成良好的编程逻辑和软件自学习惯。

操作示教器，编写 6 轴机器人的运动轨迹程序。要求：机器人末端安装模拟激光切割的工具，建立工具坐标系和工件坐标系，在实训台中模拟切割出三角形、六边形、正方形和圆形的轨迹路线；当切割工作台变换位置后，只需要重新建立工件坐标系，便可以继续实现各种形状的切割动作。

说明：上述操作可以在离线编程软件 RobotStudio 建立的虚拟工作站中完成，有条件的可以使用真实的 ABB 机器人实训工作站完成。若使用 RobotStudio 软件，需要打开素材中的"项目 2 训练包 .rspag"文件，解压之后在虚拟工作站中完成工作任务。

任务一　操作机器人运动到指定位置

任务描述

　　通过操作示教器将机器人运动到指定位置。工作站结构如图 2-1 所示。机器人带着末端切割工具运动到如图 2-2 所示的激光红点所在的三角形顶点位置。如果使用 RobotStudio 软件仿真操作，则需要将机器人末端切割工具与三角形的顶点对准，如图 2-3 所示。

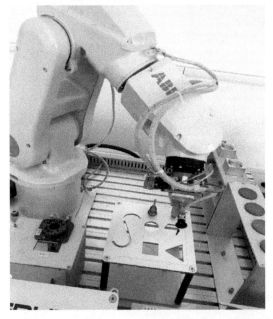

图 2-1　工作站结构

图 2-2　真实工作站中激光红点位置

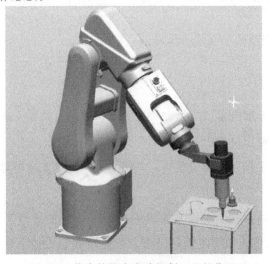

图 2-3　仿真软件中末端切割工具的位置

知识引导

一、认识6轴机器人

1. 6轴机器人的结构

6轴（Axis）机器人，由6个伺服电动机直接通过谐波减速器、同步带轮等驱动6个关节轴的旋转，关节1~4的驱动电动机为空心轴结构，空心轴结构的电动机一般较大。

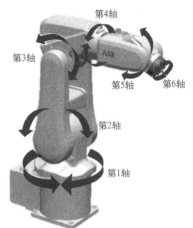

采用空心轴电动机的优点是机器人各种控制管线可以从电动机中心直接穿过，无论关节轴怎么旋转，管线不会随着旋转，即使旋转，管线由于布置在旋转轴线上，具有最小的旋转半径。此结构较好地解决了工业机器人的管线布局问题。

6轴机器人由6个关节轴组成，以ABB IRB 120型机器人为例，其关节轴及转动方向如图2-4所示。

2. 机器人的技术参数

机器人的技术参数是机器人制造商在产品供货时所提供的技术数据。不同的机器人，其技术参数也不同。

图 2-4 6轴机器人的关节轴及转动方向

工业机器人的主要技术参数一般有自由度、定位精度、重复定位精度、工作范围、最大工作速度和承载能力等。

（1）自由度 自由度指机器人具有的独立坐标轴运动的数目。机器人的自由度根据其用途设计，在三维空间中描述一个物体的姿态需要6个自由度，机器人的自由度可以少于6个，也可以多于6个。

大多数机器人从总体上看是一个开环机构，但是其中可能包含局部闭环机构。闭环结构可以提高刚性，但是会限制关节的活动范围，以致工作空间缩小。

（2）定位精度和重复定位精度 通常，机器人的精度指机器人的定位精度和重复定位精度。

定位精度指机器人末端实际到达的位置和目标位置之间的差异。重复定位精度指机器人重新定位其末端于同一目标位置的能力，可以用标准偏差这个统计量来表示。

（3）工作范围 工作范围也就是机器人的工作区域，是机器人末端或手腕中心所能到达的所有点的集合。工作范围的形状和大小十分重要，机器人在进行某一个作业时，可能会因为存在手部不能到达的作业死区而不能完成任务。

（4）最大工作速度 最大工作速度通常指机器人末端的最大速度，工作速度直接影响工作效率，提高工作速度可以提高工作效率，所以机器人的加速、减速能力显得尤为重要，同时也需要保证机器人加速、减速的平稳性。

（5）承载能力 承载能力是机器人在工作范围内、任何位姿上所能承受的最大质量，一般指机器人高速运行时的承载能力。机器人载荷不仅取决于负载和末端操作器的质量，还与机器人的运行速度及加速度的大小和方向有关。

二、工业机器人使用安全注意事项

由于机器人系统复杂而且危险性大，在练习期间，对机器人进行任何操作都必须注意安全。无论什么时候进入机器人工作范围都可能导致人身伤害，因此只有经过培训认证的人员才可以进入该区域。操作工业机器人时应注意以下事项：

1）在进行机器人的安装、维修和保养时，切记要将总电源关闭。

2）与机器人保持足够的安全距离。

3）切记静电放电的危险。

4）紧急停止优先于任何其他机器人控制操作。在机器人运行过程中，如果工作区域内有工作人员以及机器人伤害了工作人员或损伤了机器设备，需立即按下"紧急停止"按钮。

5）当电气设备（例如机器人或控制器）起火时，应使用二氧化碳灭火器。

6）注意操作安全，当进入保护空间时，务必遵循所有的安全条例。

7）正确使用示教器，操作时遵循使用说明。

三、示教器的操作

工业机器人示教器是进行机器人的手动操纵、程序编写、参数配置以及监控用的手持装置，也是最常用的机器人控制装置。

1. 机器人示教器的组成

ABB 机器人示教器的结构如图 2-5 所示。

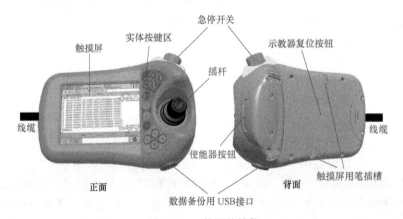

图 2-5　示教器的结构

2. 示教器的使用方法

（1）示教器的手持方法　如图 2-6 所示，将左手插入绑带内，握住凸起部分，把整个示教器放在左手臂上，右手操作示教器摇杆、按键和触摸屏等。

（2）使能器的使用方法　使能器按钮分两档，在手动状态下，第一档按下去（轻按），机器人将处于电动机开启状态；第二档按下去以后（按紧），机器人又处于防护装置停止状态。当发生危险时，操作人员会本能地将使能器按钮松开或者按紧，则机器人会马上

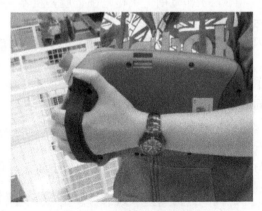

图 2-6　示教器的手持方法

停下来，保证安全。使能器的握法如图 2-7 所示，四个手指握在使能器按钮的位置。

（3）示教器摇杆的操作技巧　示教器摇杆若操纵幅度较小，则机器人运动速度较慢；若操纵幅度较大，则机器人运动速度较快。操作时，尽量以小幅度操纵，使机器人慢慢运动。摇杆操作如图 2-8 所示。

图 2-7　使能器的握法

图 2-8　摇杆操作

四、RobotStudio 软件观察视角操作

在 RobotStudio 软件中，为了以各种角度观察和调整机器人运动以及设置部件位置，观察细节部位，需要切换查看视角，具体有如下方法。

（1）平移　按住键盘上<Ctrl>键的同时，按住鼠标左键，移动鼠标指针可实现上、下、左、右平移观察视角。

（2）旋转　按住键盘上<Ctrl>键和<Shift>键，同时按住鼠标左键并移动鼠标，可以实现旋转角度，以各种角度查看工作站。

另外，也可以按下鼠标中间的滚轮，同时按住鼠标左键或者右键，通过移动鼠标也可以实现观察角度的切换。

（3）使用视图按钮　在 RobotStudio 视图中有两个操作按钮，如图 2-9 所示。左边按钮为"查看全部"，可查看工作站的所有对象。右边按钮为"查看中心"，在视图中用鼠标左键单击"查看中心"按钮，在旋转视图时将以该中心进行旋转。

图 2-9　RobotStudio
视图操作按钮

五、单关节运动的手动操作

将控制柜上的机器人操作模式选择器置于"手动模式"，并确认示教器界面状态已被切换为"手动"。

1. 速度调节

初次操作设备，最好将速度降下来；熟悉后，可以使用摇杆控制速度。降速方法为：单击示教器界面右下角按钮 $\frac{1}{3}$，如图 2-10 所示。选择类似速度表按钮，在此按钮左侧展开的速度中，通过单击按钮实现速度的增加或减少。这里单击 25% 的按钮，在上部中间的状态栏中会看到"（速度 25%）"的显示。

2. 关节轴运动

1）单击"ABB 菜单"按钮，单击"手动操纵"，打开图 2-11 所示"手动操纵"界面。

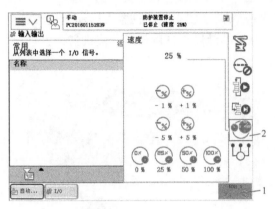

图 2-10　速度调节

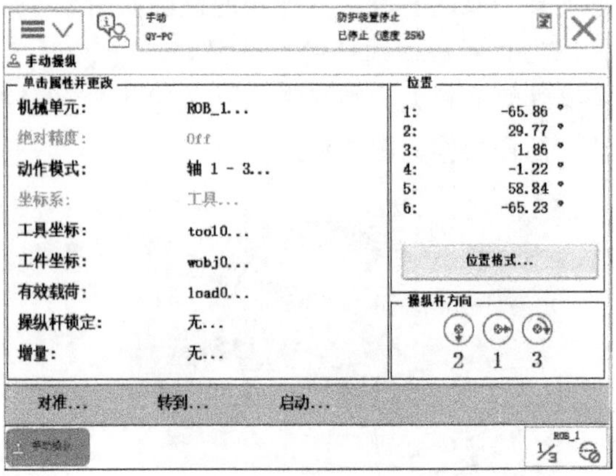

图 2-11　"手动操纵"界面

2) 单击"动作模式"后，打开图 2-12 所示"动作模式"界面。在界面中单击"轴 1-3"或者"轴 4-6"，然后单击"确定"，就可以实现对 1~3 轴或者 4~6 轴的控制。在屏幕右下角会显示 1/3 或者 4/6 动作模式信息。

也可以在示教器中单击图 2-13 所示的"关节轴切换"按键，实现 1~3 轴与 4~6 轴的切换，观察右下角显示的操纵模式信息。

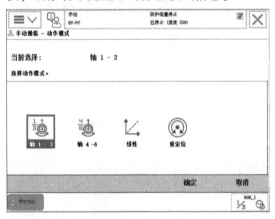

图 2-12　"动作模式"界面

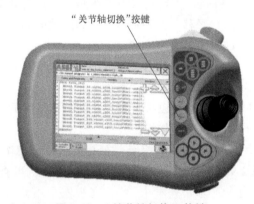

图 2-13　"关节轴切换"按键

3) 按下使能器按钮，在图 2-14 所示的界面状态栏中，会看到"电动机开启"，手动操纵控制器手柄，实现机器人的关节轴运动。在"手动操纵"界面的右下角显示了操纵杆方向对应的轴，可对照方向操作操纵杆，控制机器人关节轴运动。实际操作时，要熟记操纵杆哪个方向操纵哪个关节轴，因在其他界面不会显示操纵杆方向的指示。

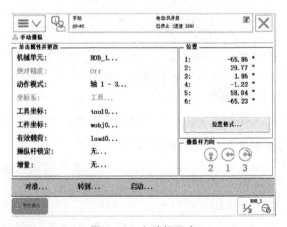

图 2-14　电动机开启

六、机器人的线性运动

1. 线性运动基本知识

机器人的线性运动指安装在机器人第 6 轴法兰盘上的工具在空间中做线性运动。机器人的坐标系分为基坐标系、大地坐标系、工具坐标系和工件坐标系，如图 2-15 所示。

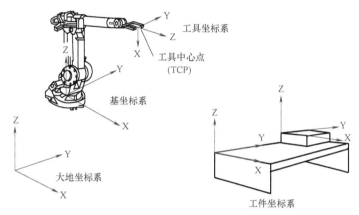

图 2-15 机器人的坐标系

机器人的坐标系满足右手法则，确定了两个坐标轴的方向，即可确定第三个坐标轴的方向。右手法则如图 2-16 所示。

当需要将可预测的运动轻而易举地转化为控制杆运动时，可以在基坐标系中进行微动控制。机器人的基坐标系如图 2-17 所示。在多数情况下，基坐标系是使用最为方便的一种坐标系，因为它对工具、工件或其他机械单元没有依赖性。

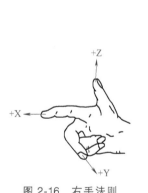

图 2-16 右手法则

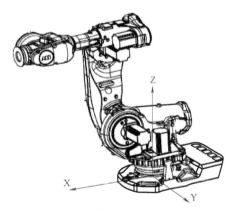

图 2-17 机器人的基坐标系

如果有两个机器人，一个安装于地面（C），另一个倒置（A）。代表机器人的基坐标系也将上下颠倒。如果在倒置机器人的基坐标系中进行微动控制，则很难预测移动情况。此时可选择共享大地坐标系（B），如图 2-18 所示。

2. 线性运动控制

1）切换为线性模式，在示教器中，单击"手动操纵"→"动作模式"，单击"线性"。或者单击图 2-19 所示的"模式切换"按键，观察示教器界面右下角，显示为线性动作模式。

2）线性运动模式下，要在"工具坐标"中指定对应的工具，机器人的工具中心点 TCP（Tool Center Point）将按照 X、Y、Z 方向运动，默认的工具坐标系为 tool0，即法兰盘中心点为 TCP，如图 2-20 所示。

3）单击"坐标系"，可以选择线性运动的坐标系。这里选择"基坐标"，然后单击"确定"，如图 2-21 所示。

4）按下使能开关，状态栏显示"电动机开启"，操纵示教器上的操纵杆，使机器人的 TCP 沿着坐标系的 X、Y、Z 轴方向运动，摇杆控制的坐标方向在"手动操纵"界面右下方"操纵杆方向"中指示，如图 2-22 所示。

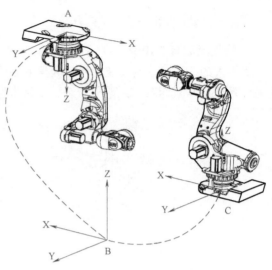

图 2-18　大地坐标系的使用

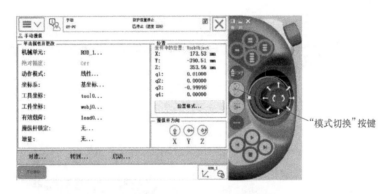

图 2-19　线性动作切换按键

图 2-20　默认 TCP

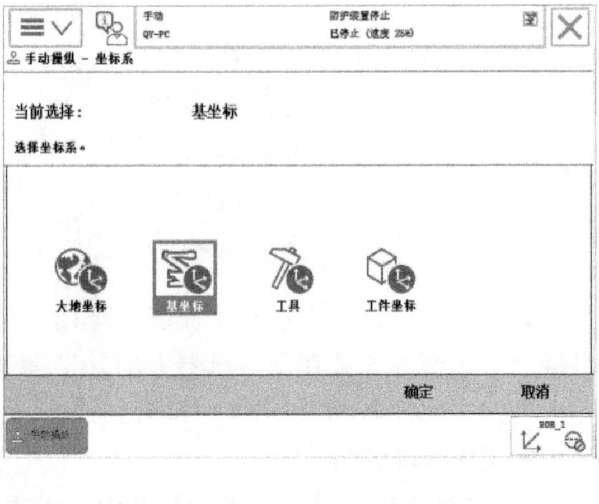

图 2-21　坐标系的选择

七、增量模式

如果对操纵杆的操作不熟悉，可以选择"增量"模式。在"增量"模式下，操纵杆每移位一次，机器人就移动一步。在示教器中单击右下角按钮 ，在展开的菜单中按图 2-23所示选择，并可根据实际情况选择"小""中""大"模式，一般选择"大"。如果操纵杆持续 1s 或数秒，机器人就会持续移动（速率为 10 步/s）。

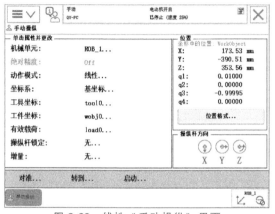

图 2-22 线性"手动操纵"界面　　　　　　　　　图 2-23 增量模式设置

实践操作

一、关节轴模式操作机器人到模拟切割平台上方

1）在"手动操纵"模式下，在示教器中按"关节轴切换"按键将关节轴切换为 1～3 轴，操作操纵杆向右，机器人 1 轴向右旋转，旋转到工作站右侧模拟切割平台上方，如图 2-24所示。

2）在示教器中按"关节轴切换"按键将关节轴切换为 4～6 轴，操作操纵杆向下，机器人 5 轴向下旋转，旋转到机器人末端工具与工作台面垂直状态（如果使用真实工作站，需要使激光工具垂直向下），如图 2-25 所示。

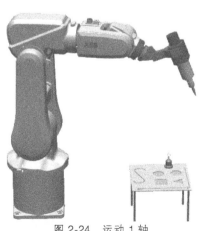

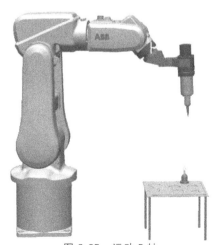

图 2-24 运动 1 轴　　　　　　　　　图 2-25 运动 5 轴

二、操纵工具尖点到三角形顶点位置

在示教器中按"线性动作切换"按键将关节轴切换为线性，保持工具垂直向下的状态，沿着 X、Y、Z 轴方向运动，使工具尖点对准三角形顶点，如图 2-26 所示。

如果使用真实工作站，需要使激光工具的激光点对准三角形的顶点，如图 2-27 所示。

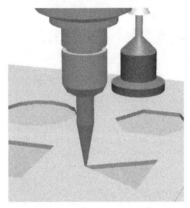

图 2-26　工具尖点对准三角形顶点

图 2-27　激光点对准三角形顶点

思考与练习

操作机器人，使机器人末端工具以某小角度对准凸起的尖端，如图 2-28 所示。

图 2-28　机器人末端工具到达目标位置

任务二　建立工具坐标系和工件坐标系

任务描述

在工作站中，为激光工具建立工具坐标系；为模拟多边形切割的工作台建立工件坐标系，工件坐标系，如图 2-29 所示；建立有效载荷 loaddata 数据。说明：既可以选择其他工具建立工具坐标，也可以利用 RobotStudio 的仿真工作站建立工具坐标系。

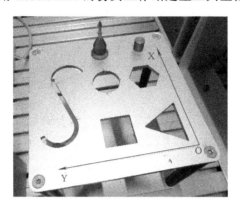

图 2-29　工件坐标系

知识引导

一、工具坐标系

1. 工具数据

工具数据 tooldata 用于描述安装在机器人第 6 轴上的工具坐标系原点（也称为工具中心点）TCP、质量和重心等参数数据。tooldata 会影响机器人的控制算法、速度与加速度监控、力矩监控、碰撞监控和能量监控等，因此机器人的工具数据需要正确设置。

所有机器人在手腕处都有一个预定义的工具坐标系，该坐标系被称为 tool0。出厂默认的 tool0 工具坐标系原点在第 6 轴的法兰盘中心，垂直方向为 Z 轴，符合右手法则，图2-30 所示的点 O 就是默认的 TCP。

创建新工具时，tooldata 工具类型变量将随之创建。新工具坐标系可将一个或者多个新工具坐标系定义为 tool0 的偏移值。

2. 工具坐标系

工具坐标系由 TCP 与坐标方位组成，把机器人腕部法兰盘所持工具的有效方向定为 Z 轴，把坐标定义在工具尖端点，所以工具坐标的方向随腕部的移动而发生变化。工具坐标系的移动以工具的有效方向为基准，与机器人的位置、姿势无关，所以进行相对于工件不改变工具姿势的平行移动操作时最为适宜。

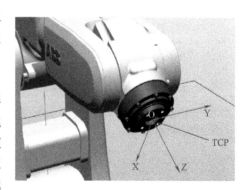

图 2-30　法兰盘 TCP

实际工作中，当机器人更换夹具并重新定义 TCP 后，可以不更改程序便可以直接运行。注意：在设置 TCP 坐标时，一定要把机器人的操作模式调到"手动限速"模式。

工具坐标系的设定方法包括 $N(N \geqslant 3)$ 点法，TCP 和 Z 点法，TCP 和 Z、X 法。

（1）$N(N \geqslant 3)$ 点法　机器人的 TCP 通过 N 种不同的姿态同参考点接触，得出多组解。通过计算得出当前 TCP，其坐标系方向与 tool0 方向一致。

（2）TCP 和 Z 点法　在 N 点法的基础上，Z 点与参考点连线为坐标系 Z 轴的方向。

（3）TCP 和 Z、X 法　在 N 点法的基础上，X 点与参考点连线为坐标系 X 轴的方向，Z 点与参考点连线为坐标系 Z 轴的方向。

3. 重定位

机器人重定位运动指在机器人 TCP 位置不变的情况下，机器人工具沿坐标轴运动改变姿态。检查工具坐标系是否正确定义的常用方法是，在定义就绪后执行重新定向测试，选择重定位动作模式和所使用的工具坐标系，然后移动机器人，验证机器人移动时 TCP 是否非常接近所选的参照点。

二、工件坐标系

工件坐标系是固定于工件上的坐标系，用于加工工件而使用的坐标系，是相对于机器人基坐标系建立的一个新的坐标系，一般把这个坐标系原点定义在工件的基准点上，表示工件相对于机器人的位置。默认的工件坐标系为 wobj0，此坐标系与机器人基坐标系方向一致。机器人可以拥有若干个工件坐标系，或者表示不同工件，或者表示同一工件在不同位置的若干副本。

工件坐标系具有以下作用：

1）方便用户以工件平面方向为参考手动操纵调试。

2）当工件位置更改后，通过重新定义工件坐标系，机器人即可正常作业，不需要对机器人程序进行修改。

工件坐标系的定义方法是操作机器人示教三个点位来实现的，如图 2-31 所示，X1、X2、Y1 为定义的三个点。X1 点确定工件坐标系的原点，X1 点、X2 点确定工件坐标系的 X 轴正方向，Y1 点确定工件坐标系的 Y 轴正方向。工件坐标系的 Z 轴方向符合右手法则。

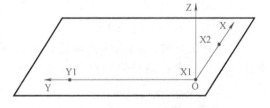

图 2-31　工件坐标系

三、有效载荷

用于搬运的工业机器人需要设置有效载荷，因为搬运机器人手臂承受的质量是不断变化的，所以不仅要正确设定夹具的质量和重心数据，还要设置搬运对象的质量和重心数据（loaddata）。有效载荷数据用于记录搬运对象的质量和重心数据。如果工业机器人不用于搬运，则 loaddata 设置就为默认的 load0。

在程序中建立一个 loaddata 类型的变量，变量的名称就是有效载荷的名称。有效载荷坐标（包括方向）应该建立在大地坐标系上。

有效载荷设置完成后，需要在机器人的 RAPID 程序中根据实际情况进行实时调整，使用 GripLoad 指令加载有效载荷，格式如下：

GripLoad 有效载荷名称；

有效载荷参数见表 2-1。

表 2-1 有效载荷参数

参数	单位	说明
mass	kg	有效载荷质量
cog. x cog. y cog. z	mm	有效载荷重心
aom. q1 aom. q2 aom. q3 aom. q4		力矩轴方向
ix, iy, iz	kg·m²	有效载荷的转动惯量

实践操作

一、工具坐标系的建立与验证

1. 建立工具坐标系

1）将机器人切换为手动操作模式，然后在示教器中单击左上角"菜单"按钮，弹出"主菜单"界面。在界面中单击"手动操纵"，如图 2-32 所示。

2）在"手动操纵"界面中单击"工具坐标"，如图 2-33 所示。

图 2-32 "ABB"菜单中单击"手动操纵"　　　图 2-33 单击"工具坐标"

3）在"工具"界面中单击"新建"，如图 2-34 所示。

4）在打开的"新数据声明"界面中，输入 tooldata 名称为"tool1"，如图 2-35 所示。如果已知新工具的 TCP 与法兰盘中心点偏移坐标位移，可以通过设定初始值设置工具坐标。由于本任务中具体工具数值未知，因此这里不能设置初始值，直接单击"确定"。

5）在图 2-36 所示界面中，选中"tool1"，单击"编辑"菜单中的"定义"选项。

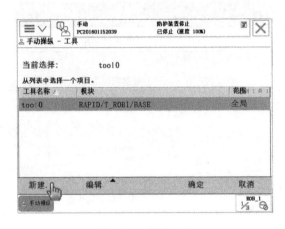

图 2-34　新建工具

图 2-35　"新数据声明"界面

6）这里使用实际工作中常用的六点法设置工具坐标系。在"工具坐标定义"界面中，选择方法为"TCP 和 Z，X"，点数设置为"4"，如图 2-37 所示。

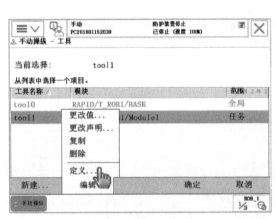

图 2-36　选择"定义"

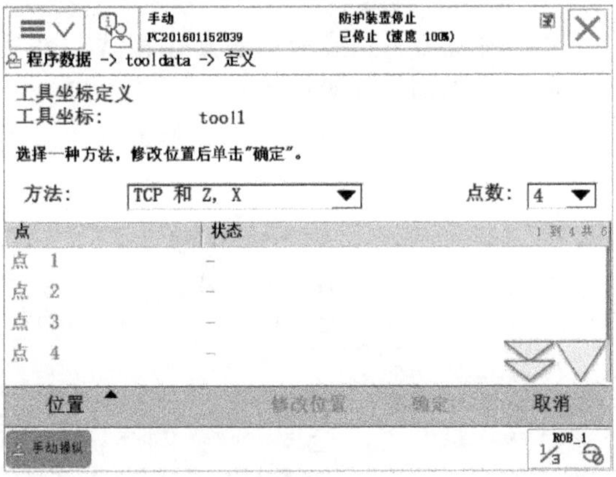

图 2-37　定义工具坐标

7）通过示教器，采用关节运动和线性运动模式交替方式操作机器人，使机器人以固定姿势靠近固定点，如图 2-38 所示。

8）在示教器界面中选择"点 1"，然后单击"修改位置"，这时点 1 的状态显示为"已修改"，如图 2-39 所示。

9）按照步骤 7）和步骤 8），完成点 2、点 3、点 4 的位置修改，要求 4 个点的姿势要有较大的变化，以不同的角度对准固定点，点 4 的位置要与所设定的工具坐标的 Z 轴方向一致。点 2、点 3、点 4 的位置如图 2-40 所示。

10）在示教器中，4 个点修改完成的界面如图 2-41 所示。

11）操控机器人以点 4 的姿态从固定点移动到工具 TCP 的 X 轴正方向，此步骤使用线性模式操控，如图 2-42 所示，在示教器界面中单击"修改位置"。

图 2-38　靠近固定点

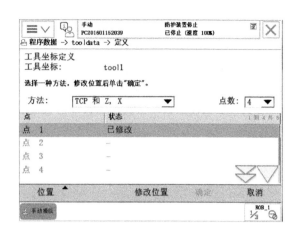

图 2-39　修改位置

点2

点3

点4

图 2-40　其他 3 个点位

图 2-41　4 个点修改完成

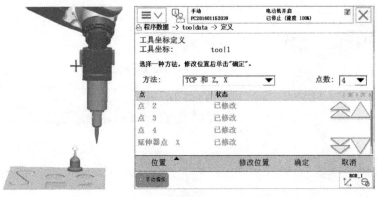

图 2-42　延伸器点 X 修改

12) 操控机器人以点 4 的姿态从固定点移动到工具 TCP 的 Z 轴正方向，此步骤使用线性模式操控，如图 2-43 所示，在示教器界面中单击"修改位置"，然后单击"确定"。

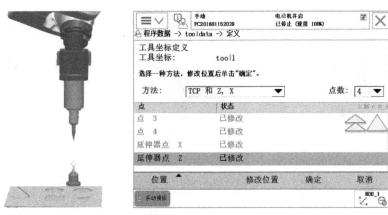

图 2-43　延伸器点 Z 修改

13) 在打开的"计算结果"界面中查看误差，如图 2-44 所示。误差值越小越好，但要以实际要求为准，单击"确定"。

14) 选中"tool1"，单击"编辑"菜单，单击"更改值"选项，如图 2-45 所示。

15) 在"编辑"界面中，将 mass 的值改为工具的实际质量（单位为 kg），如图 2-46 所示。

16) 编辑工具重心坐标，在"cog"下设定 x、y、z 的值，以实际重心为准，如图 2-47 所示。

17) 单击"确定"，回到"手动操纵-工具"界面，选中"tool1"后单击"确定"，完成工具坐标系的创建。

2. 重定位运动验证

操作机器人使 TCP 与固定点对接。在"手动操纵"界面中，将"工具坐标"选择为"tool1"，然后在示教器上单击"模式切换"按钮，如图 2-48 所示，将操作模式切换为重定位。操作机器人摇杆，机器人姿态改变，可看见 TCP 始终与工具参考点保持接触，工具坐标设定成功。

图 2-44 确认结果

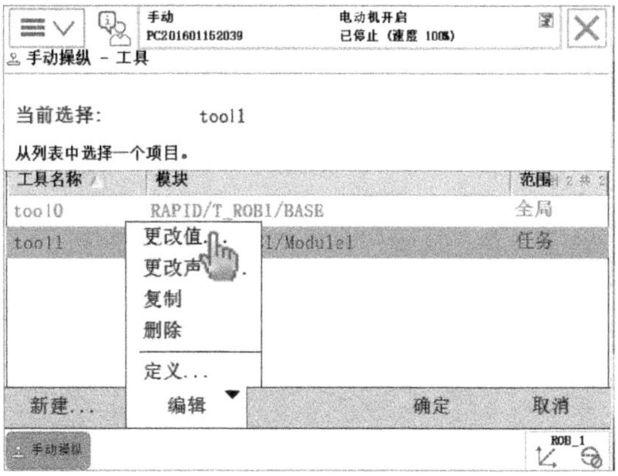

图 2-46 修改质量

图 2-45 更改值

图 2-47 修改重心

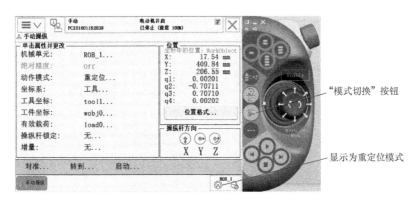

图 2-48 切换为"重定位"

二、工件坐标系的建立与使用

1. 建立工件坐标系

工件坐标系的建立可通过用户三点法实现，具体操作步骤如下：

1）在"手动操纵"界面中，单击"工件坐标"，如图 2-49 所示。

2）在打开的"手动操纵-工件"界面中，单击"新建"，如图2-50所示。

图2-49 选择工件坐标

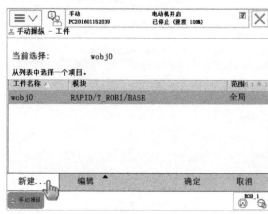

图2-50 新建工件坐标

3）在"新数据声明"界面中，设置工件名称为"wobjhq"，其他属性根据需要设置，然后单击"确定"，如图2-51所示。

4）在"手动操纵-工件"界面中，单击"编辑"，从弹出的菜单中选择"定义"选项，如图2-52所示。

图2-51 工件数据声明

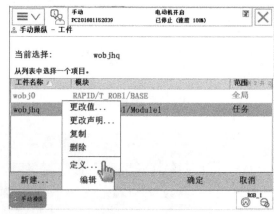

图2-52 定义工件坐标

5）在打开的"工件坐标定义"界面中，将"用户方法"选择为"3点"，如图2-53所示。

6）在示教器上，将操作模式改为"线性操作"，手动操作机器人的TCP靠近定义工件的坐标系原点。在示教器界面，单击"用户点X1"，单击"修改位置"，此时完成X1点的记录，状态显示为"已修改"，完成界面如图2-54所示。

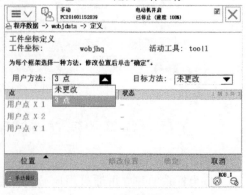

图2-53 选择用户方法

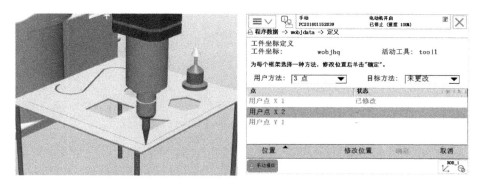

图 2-54　X1 点设定完成

7）继续手动操作机器人的 TCP 靠近定义工件的坐标系 X2 点。在示教器界面，单击"用户点 X2"，单击"修改位置"，此时完成 X2 点的记录，状态显示为"已修改"，完成界面如图 2-55 所示。

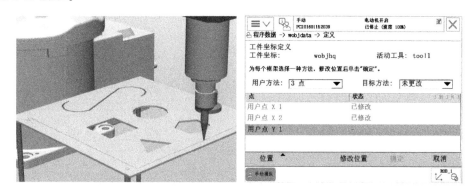

图 2-55　X2 点设定完成

8）继续手动操作机器人的 TCP 靠近定义工件的坐标系 Y1 点。在示教器界面，单击"用户点 Y1"，单击"修改位置"，此时完成 Y1 点的记录，状态显示为"已修改"，完成界面如图 2-56 所示。

图 2-56　设定 Y1 点

9）单击"确定"后，在界面中将显示定义的工件坐标数据信息，如图2-57所示，单击"确定"，完成创建。

10）在"手动操纵-工件"界面，单击"wobjhq"，然后单击"确定"，将使用新建立的工件坐标，如图2-58所示。

图2-57　工件坐标数据信息

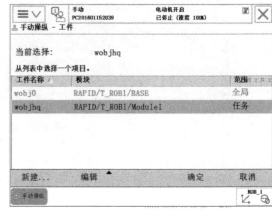

图2-58　确认使用新建立的工件坐标

2. 使用和验证工件坐标系

在"手动操纵"界面，确认工件坐标系为"wobjhq"。如果不是，则单击"工件坐标"后选择工件坐标系为"wobjhq"。在线性运动模式下，手动操作机器人运动，观察工件坐标系的移动方式是否按照设定的工件坐标系的 X、Y、Z 方向运动，Z 轴方向符合右手法则。

三、有效载荷的设定

利用示教器设置有效载荷的步骤如下：

1）在"手动操纵"界面中，单击"有效载荷"，如图2-59所示。

2）在"手动操纵-有效荷载"界面，单击"新建"，如图2-60所示。

3）在"新数据声明"界面中，输入名称等信息，单击"初始值"，如图2-61所示。

4）在"编辑"界面中对有效载荷进行设置，设置完成后单击"确定"，如图2-62所示。

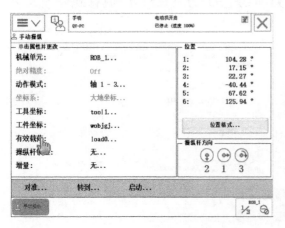

图2-59　选择有效载荷

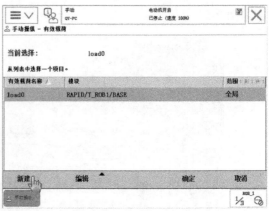

图2-60　新建有效载荷

图 2-61　有效载荷声明

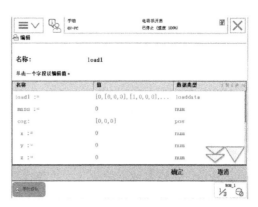

图 2-62　设置有效载荷值

思考与练习

1. 在真实工作站中，使用工作台中的夹具装夹着模拟切割台上的小锥形物体，进行工具坐标系的建立。或利用 RobotStudio 软件，解压素材中"项目二"文件夹内的"练习 2_2_1.rspag"，为机器人末端工具建立工具坐标系。

2. 在真实工作站中，使用激光笔建立工件坐标系。或解压素材中"项目二"文件夹中"项目 2_2.rspag"文件，通过解压出来的虚拟工作站，建立工件坐标系，并使机器人沿着工件坐标系的 X、Y 和 Z 方向做直线运动。

任务三　使用基本运动指令完成轨迹编程

任务描述

在工作站中模拟激光切割功能，实现机器人切割三角形、正方形、六边形和圆形等图形。切割的图形如图 2-63 所示。

图 2-63　切割图形

知识引导

一、RAPID 程序架构

ABB 机器人编程所使用的语言为 RAPID，是一种高级编程语言。RAPID 程序文件由程序模块与系统模块组成，通过新建程序模块构建机器人的程序，系统模块则用于系统方面的控制。不要删除系统模块，可以根据需要创建用户自己的用户模块。

程序模块中包含程序数据、例行程序、中断程序和功能四种对象。但在一个模块中，这四种对象不一定同时建立使用，视程序需要而定。程序模块之间的例行程序、中断程序、程序数据和功能可以互相调用。

在 RAPID 中，只有一个主程序 main（例行程序），它可存在于任意一个程序模块中，而且作为整个 RAPID 程序的执行起点。

编写的程序代码要写在例行程序中。

二、基本运动指令

运动轨迹是机器人为完成某一作业，TCP 所掠过的路径，是机器人示教的重点。

1. 关节运动指令 MoveJ

关节运动指令为 MoveJ。一般来说，为安全起见，程序起始点使用关节运动类型。关节运动类型的特点是速度最快、路径不可知，因此，一般此运动类型运用在空间点上，并且在自动运行程序之前，必须低速检查一遍，以观察机器人实际运动轨迹与外围设备是否有干涉。其指令格式如图 2-64 所示。

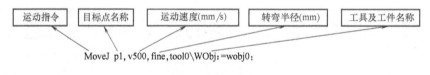

图 2-64　运动指令结构

（1）目标点名称　机器人和外部轴的目标点定义为一个命名的位置。

数据类型：robtarget

（2）运动速度　运动速度可以用 "v+速度" 表示，用户也可以自行定义名称指定速度的值。

数据类型：num

（3）转弯半径　转弯半径用于描述产生的转角路径的大小。使用 "z"+"半径" 表示，用户也可以自行定义名称指定转弯半径值。

数据类型：zonedata

当要使机器人准确运动到目标位置（特别是运动路径的最后一点）时，转弯半径必须使用 "fine"，机器人运动到目标点速度降为 0，有所停顿后再向下一点运动。如果是运动路径的中间点，并且要使机器人运动路径圆滑、流畅，可使用 "z"+"数字转弯半径"，这时机器人不会准确到达目标点，而是按照转弯半径绕过目标点。

例如在 p1 点转弯半径设置为 10mm，p2 点转弯半径设置为 "fine"，则转弯轨迹如图 2-65 所示，机器人将在距离 p1 点 10mm 的位置转弯。

2. 直线运动指令 MoveL

直线运动指令为 MoveL。机器人以线性移动方式运动至目标点，机器人沿着当前点与目标点在两点间做直线运动，运动路径保持唯一且状态可控，但可能会出现死点，常用于机器人在工作状态下移动。其指令格式与 MoveJ 相同：

MoveL p2, v500, fine, tool0\WObj：=wobj0;

3. 圆弧运动指令 MoveC

圆弧运动指令为 MoveC。机器人通过中间点以圆弧方式运动至目标点，当前点、中间点与目标点三点决定一段圆弧，机器人运动路径保持唯一且状态可控。MoveC 在做圆弧运动时一般不超过 240°，不能通过 MoveC 指令完成一个整圆运动，但可以通过两条指令完成。MoveC 指令的结构如下：

MoveC p1, p2, v300, fine, tool0\WObj：=wobj0;

其中，p1 为中间点，p2 为目标点，运动时从当前点（机器人做 MoveC 指令运动前的点）开始，因此当前点为圆弧的起点。圆弧运动示意如图 2-66 所示。

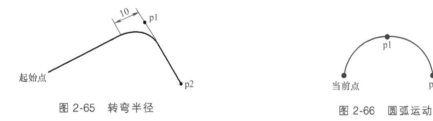

图 2-65　转弯半径　　　　　　　　　图 2-66　圆弧运动

实践操作

一、编程准备

1. 设置坐标系

将机器人设置为手动模式，在示教器中单击 "菜单" 按钮，然后单击 "手动操纵"，选择工具坐标系 tool1 和工件坐标系 wobjgj，如图 2-67 所示。

2. 建立例行程序

1）在示教器界面中单击 "菜单" 按钮，然后单击 "程序编辑器"，进入图 2-68 所示的界面。默认建立的例行程序为 main，所在的模块为 Module1，在右上角单击 "例行程序"。

2）进入图 2-69 所示的界面，单击 "文件"，在打开的菜单中可以新建、删除和重命名例行程序。

3）建立一个用户自己的例行程序，选择 "新建例行程序"，如图 2-70 所示。

4）在图 2-71 所示的 "例行程序声明" 界面中，输入名称为 "gjlx"，即 "轨迹练习" 拼音的首字母，然后单击 "确定"。

5）在图 2-72 所示的界面中，选中 "gjlx" 这个例行程序，单击 "显示例行程序"，或者双击 "gjlx" 所在的行，将进入该例行程序的编辑界面。

图 2-67　设置坐标系

图 2-68　建立例行程序

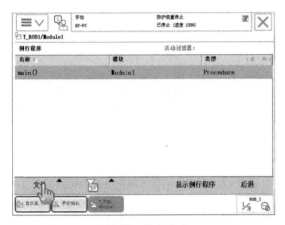

图 2-69　选择文件

图 2-70　新建例行程序

图 2-71　例行程序声明

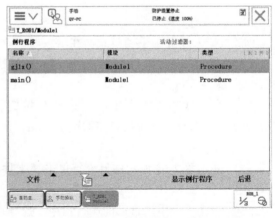

图 2-72　"例行程序"界面

二、编辑指令

　　编辑指令的方法步骤与前面任务类似，本任务【实践操作】仅介绍模拟切割三角形和圆，其他图形（如正方形、六边形等）的切割请读者自行在真实工作站或者 RobotStudio 软件仿真工作站中完成。

1. 切割三角形轨迹编程

1）在"gjlx"例行程序编辑界面中，在当前选中的"< SMT >"行开始添加指令编写程序，如图 2-73 所示。

2）使机器人运动到合适的起始位置，这个位置通常称为 home 点，也可以将这个点命名为"home"。在示教器中，单击左下角"添加指令"，在右侧出现指令列表，如图 2-74 所示。在指令列表中，单击"MoveJ"指令。一般程序的起始点使用 MoveJ，使机器人以最快捷的方式回到起始点。

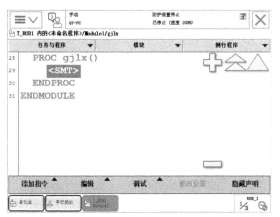

图 2-73 例行程序编辑

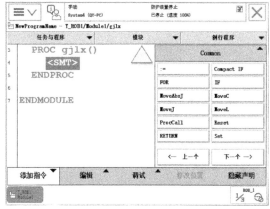

图 2-74 添加 MoveJ 指令

3）再次单击"添加指令"，则会关闭指令列表。然后单击界面中黄颜色的"▭"按钮，缩小界面，使代码全部显示在界面中，如图 2-75 所示，双击 MoveJ 后面的"＊"。

4）在图 2-76 所示的"更改选择"界面中，单击"新建"，将打开"新数据声明"界面。

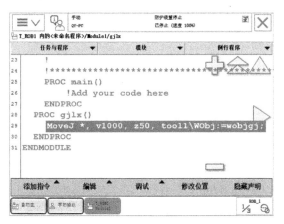

图 2-75 修改指令参数

图 2-76 新建目标点

5）在"新数据声明"界面中，修改名称为"home"，如图 2-77 所示，这时"home"对应的点位就是机器人当前所在的位置。单击"确定"。

6）这时"home"点将替换代码中原来位置的"＊"，如图 2-78 所示，单击代码中的"v1000"，在数据列表中选择 v150，降低速度，以免太快不安全，也保证激光能够有时间切透物料。

图 2-77　声明目标点 home

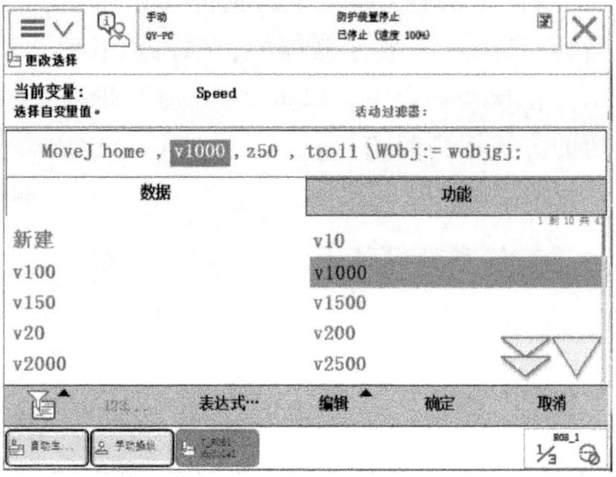

图 2-78　设置运动速度

7）单击代码中的"z50"，从数据列表中选择"fine"，如图 2-79 所示，然后单击"确定"，此条代码编辑完毕。

8）使机器人工具 TCP 运动到三角形的第一个顶点位置，如图 2-26 所示。如果是在 RobotStudio 软件中模拟操作，要多角度观察，保证点位准确。

9）再次单击"添加指令"，从指令列表中选择"MoveL"指令，将出现图 2-80 所示的界面。因为需要在当前选中行的下面添加指令，因此单击"下方"按钮，然后双击"MoveL"后面的点的名称，用前面的方法新建一个目标点，名称为"p10"，这时"p10"对应的点位就是机器人现在所在的位置。

10）再次单击"添加指令"，从指令列表中选择"MoveL"指令，在弹出的界面中单击"下方"按钮，这时"MoveL"后面的点的名称默认为"p20"。因没有移动机器人位置，这时"p20"对应的点位还是三角形第一个顶点的点位。

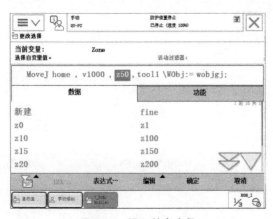

图 2-79　设置转弯半径

图 2-80　"添加指令"界面

接下来，移动机器人位置到另一个三角形的顶点，在示教器界面中单击"p20"，然后单击下方的"修改位置"，使"p20"点位变换为新的位置，如图2-81所示。

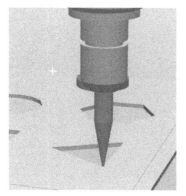
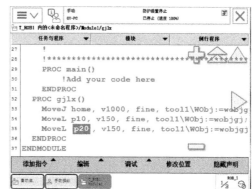

图 2-81 设置三角形第二个顶点

11）使机器人工具 TCP 移动到三角形的第三个顶点，再次单击"添加指令"，从指令列表中选择"MoveL"指令，在弹出的界面中单击"下方"按钮，这时 MoveL 后面的点的名称默认为"p30"。"p30"对应当前第三个顶点的位置，不需要单击"修改位置"。

12）使机器人工具 TCP 移动到三角形的第三个顶点垂直上方，再次单击"添加指令"，从指令列表中选择"MoveL"指令，在弹出的界面中单击"下方"按钮，这时 MoveL 后面的点的名称默认为"p40"。此时三角形轨迹程序编写完毕。

注意：编辑机器人的运动指令时，点位名称后面的数字会自动增加，以方便用户编程。新点位对应的位置为当前机器人所在位置，如果其位置需要调整，则需要调整好机器人位置后，在界面中选中点位名称后单击"修改位置"。

2. 切割圆弧轨迹编程

1）使机器人工具 TCP 移动到圆边线某点的正上方，如图2-82所示。再次单击"添加指令"，从指令列表中选择"MoveL"指令，在弹出的界面中单击"下方"按钮，这时 MoveL 后面的点的名称默认为"p50"。

2）将机器人工具 TCP 垂直向下运动到圆的边线上，如图2-83所示。再次单击"添加指令"，从指令列表中选择"MoveL"指令，在弹出的界面中单击"下方"按钮，这时 MoveL 后面的点的名称默认为"p60"。"p60"为圆轨迹的起点。

3）再次单击"添加指令"，从指令列表中选择"MoveC"指令，在弹出的界面中单击"下方"按钮，这时 MoveC 后面的点的名称默认为"p70"和"p80"，如图2-84所示。

4）将机器人工具 TCP 移动到圆边线上的某个位置，通过"修改位置"的方式示教"p70""p80"两个点位。两个点的参考位置如图2-85所示。

5）再次单击"添加指令"，从指令列表中选择"MoveC"指令，在弹出的界面中单击"下方"按钮，这时 MoveC 后面的点的名称默认为"p90"和"p100"。双击"p100"，将"p100"更改为"p60"（圆轨迹的起点位置）。将机器人工具 TCP 移动到圆另一半边线上的某个位置，通过"修改位置"的方式示教"p90"，位置如图2-85所示。

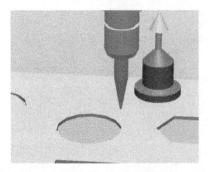

图 2-82　工具 TCP 移动到圆边线
某点的正上方

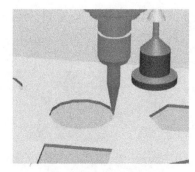

图 2-83　工具 TCP 对准
圆边线某点

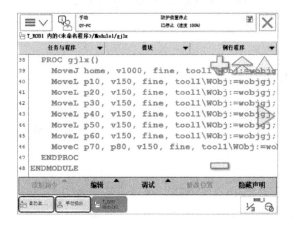

图 2-84　添加运动指令

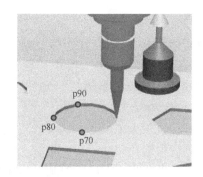

图 2-85　圆上的点位

6）将机器人工具垂直抬起，垂直抬起的点位是"p50"，因此可以复制之前的直线运动代码。方法为：找到"MoveL p50"所在行，单击该行，然后单击下部的"编辑"，从编辑列表中选择"复制"，如图 2-86 所示。然后单击最后一行的运动指令，即"MoveC p90，p60"行，在编辑列表中选择"粘贴"，完成圆切割轨迹代码的编制。

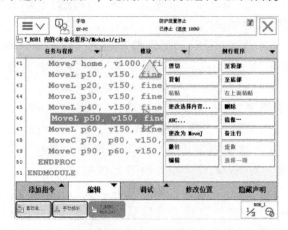

图 2-86　复制粘贴指令行

三、程序的调试和在线运行

1. 程序运行调试实体按键

程序运行调试使用的是示教器右下部的实体按键，按键功能如图 2-87 所示。

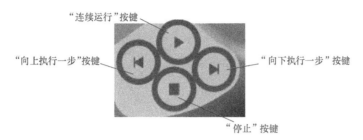

图 2-87　程序运行调试按键

2. 调试程序

调试程序可采用手动单步运行的方式，使程序代码一行一行地运行。

1）在程序编辑界面中单击"调试"，从调试列表中选择"PP 移至例行程序"选项，如图 2-88 所示。

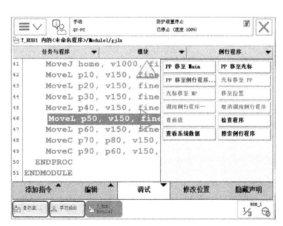

图 2-88　调试程序

2）在"PP 移至例行程序"界面中选择"gjlx"行后单击"确定"或者双击"gjlx"行。此时在代码前行号中有一个箭头光标，如图 2-89 所示，箭头指向哪一行，在运行时，程序将执行哪一行。

3）按下示教器使能器按钮，单击示教器右下角的"向下执行一步"按键，进行单步向下运行。按一次该按钮，执行一行代码。调试中应准备随时按下"急停"按键，以免有碰撞等状况发生。将代码整体运行一遍后，若没有问题，程序即调试完成。

4）整体运行程序一遍。选中程序第一行，在调试列表中选择"PP 移至光标"，按下示教器背面的使能器按钮，然后按一下"连续运行"按键，系统将连续运行程序。按"停止"按键或者松开使能器按钮时，机器人将停止运行。

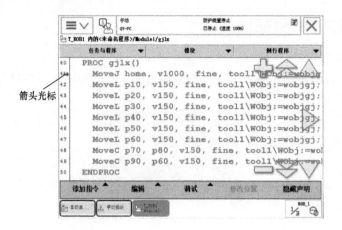

图 2-89　箭头光标指向程序行

3. 运行

在程序编辑界面中单击"调试",从调试列表中选择"PP 移至例行程序"选项,选择要运行的"gjlx"例行程序。然后在控制柜上将钥匙旋转到"自动",按下控制柜上的白色"电动机上电"按钮,按钮灯亮。电动机上电后,按一下示教器上的"连续运行"按键,机器人将运行例行程序代码。

思考与练习

1. 简述切割时激光如何打开和关闭,应该在哪个点位打开激光,在哪个点位关闭激光。
2. 完成正方形、六边形的轨迹编程、点位示教和运行。
3. 简述示教点位的具体方法。
4. 将模拟切割工作台移动位置,重新定义工件坐标系后,观察模拟切割程序的运行情况,观察机器人是否还能够沿之前的轨迹运行。

项目三 模拟焊接功能的实现
CHAPTER 3

学习目标

一、知识目标

1) 熟记生成机器人轨迹曲线的过程。
2) 熟知机器人目标点的调整方法。

二、技能目标

1) 熟悉 RobotStudio 的基本使用方法。
2) 能按照要求创建机器人轨迹曲线。

三、素养目标

1) 养成严谨的逻辑思维。
2) 形成良好的软件使用习惯。

工作任务

在机器人轨迹应用（如焊接、切割和喷涂等）过程中，通常采用描点法，即根据工艺精度要求示教相应数量的目标点，进而生成机器人轨迹。此方法费时费力，且不易保证机器人轨迹精度。图形化编程，即根据三维模型的曲线特征自动转换成机器人的运行轨迹。此方法省时省力，且易于保证机器人轨迹精度。本项目以焊接应用为例，根据三维模型曲线特征，利用 RobotStudio 软件的自动路径功能，自动生成机器人焊接运动轨迹。

任务一 组建焊接工作站模型

任务描述

在离线编程软件 RobotStudio 中，导入素材中"项目三"文件中的实训台焊接工作站模型，对该三维模型进行合理布局。

知识引导

一、RobotStudio 软件概述

RobotStudio 软件是针对 ABB 机器人的离线编程软件，利用 RobotStudio 提供的各种工具，可在不影响生产的前提下执行培训、编程和优化等任务，不仅提升企业的盈利空间，还能降低生产风险，加快投产进度，缩短换线时间，提高生产率。

RobotStudio 软件可实现的主要功能如下：

（1）CAD 数据导入　RobotStudio 软件可导入各种主要的 CAD 格式数据，如 STEP、IGES、VRML、VDAFS、ACIS 和 CATIA 等格式。通过这些精确的三维模型数据，可以生成精确的机器人程序，从而提高产品质量。

（2）自动路径生成　通过使用待加工工件的 CAD 模型，可在短短几分钟内自动生成跟踪曲线所需的机器人位置。

（3）自动分析伸展能力　此便捷功能可让操作者灵活移动机器人或工件，所有位置均可达到。可在短短几分钟内完成验证和优化工作单元的任务。

（4）模拟仿真　根据设计，在 RobotStudio 软件中，可以进行工业机器人工作站的动作模拟仿真以及周期节拍的调节，为后续工程实施提供真实、可靠的验证。

二、CAD 模型

CAD 模型是利用三维软件，根据具体设备参数绘制出的一种三维模型。只有将三维软件绘制的三维模型另存为 STEP、IGES、VRML、VDAFS、ACIS 和 CATIA 等格式，才可导入 RobotStudio 软件中。

三、RobotStudio 软件界面及操作

1. RobotStudio 软件界面

（1）"文件" 菜单　该菜单包含创建新工作站、保存工作站、将工作站另存为、共享和在线等功能，如图 3-1 所示。选择 "空工作站"，然后单击 "创建" 进入主界面。

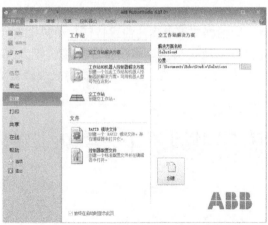

图 3-1　"文件" 菜单

（2）"基本"菜单　该菜单包含建立工作站、路径编程设置和 Freehand 等工具，如图 3-2所示。

图 3-2　"基本"菜单

（3）"建模"菜单　该菜单包含创建、CAD 操作、测量等工具，如图 3-3 所示。

图 3-3　"建模"菜单

（4）"仿真"菜单　该菜单包含配置、仿真控制、监控和信号分析器等工具，如图 3-4 所示。

图 3-4　"仿真"菜单

（5）"控制器"菜单　该菜单包含虚拟控制器、配置和控制器等工具，如图 3-5 所示。

图 3-5　"控制器"菜单

（6）"RAPID"菜单　该菜单包含 RAPID 编辑、查找、控制器以及测试和调试等用于 RAID 编辑的工具，在进行程序编辑时可使用该菜单栏中的工具，如图 3-6 所示。

图 3-6　"RAPID"菜单

（7）"Add-Ins"菜单　该菜单中的工具包含 PowerPacs 和开发环境的相关工具，如图 3-7所示。

图 3-7 "Add-Ins" 菜单

2. 恢复 RobotStudio 界面

在 RobotStudio 软件操作过程中，当界面被意外关闭，无法找到操作对象和相关信息时，可进行"默认布局"操作。如图 3-8 所示，在 RobotStudio 软件的标题栏左侧，单击下三角按钮，从列表中选择"默认布局"。

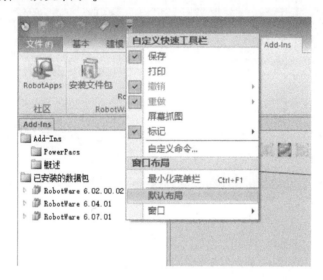

图 3-8 默认布局

3. 调整角度

（1）放大缩小 滚动鼠标中间的滚轮，界面以鼠标为中心放大和缩小。

（2）平移观察角度 按住<Ctrl+>鼠标左键，移动鼠标指针，实现平移改变观察角度。

（3）旋转观察角度 按住<Ctrl+Shift>+鼠标左键，移动鼠标指针，实现旋转观察角度；也可以按住鼠标中间的滚轮+鼠标左键，通过移动鼠标指针来改变观察角度。

实践操作

一、导入三维模型

1）在"文件"菜单中，选择"空工作站"，然后单击"创建"按钮，或者直接双击"空工作站"。

2）将实训台三维模型导入 RobotStudio 软件中。在"建模"菜单中，选择"导入几何体"工具，从下拉菜单中选择"浏览几何体"，然后从打开的界面中选择所要导入的工作站三维模型，如图 3-9 所示。但这种方法比较慢，可选择直接在 Windows 中打开工作站模型所在的文件夹，然后拖拽所有要导入的模型到 RobotStudio 软件的"视图"界面中。

图 3-9　导入几何体

工作站所需要的三维模型在素材"项目三"文件夹中。

3）单击"查看全部"，实训台的三维模型便可显示在界面中，如图 3-10 所示。

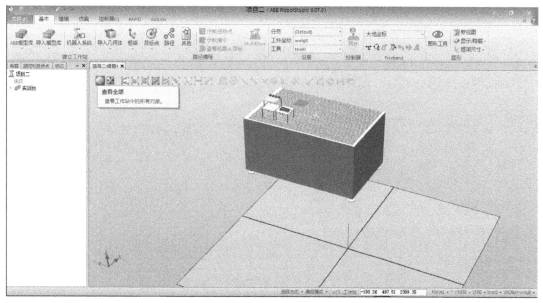

图 3-10　查看全部实训台

二、设定模型位置

1. 设定本地原点

1）观察实训台三维模型，实训台位于地面上方。接下来，需将实训台放置于地面上。调整合适角度，将实训台的脚杯底面朝向屏幕。捕捉方式选择"选择部件"与"捕捉中心"，在"布局"列表中选择"修改"→"设定本地原点"，操作如图 3-11 所示。

2）选择脚杯底面的外圆，自动识别脚杯底面的中心点，出现红色的圆圈。如果没有出现圆圈，则需要在左侧"设置本地原点"界面中单击"位置 X、Y、Z（mm）"下面的输入框，在输入框中出现闪烁光标后，再单击底面中心点，然后单击"应用"按钮，如图 3-12所示。

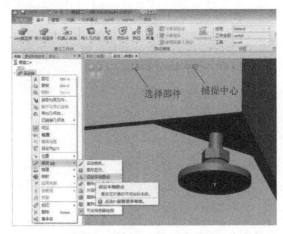

图 3-11　选择设定本地原点

3）此时，本地原点已修改完成，如图 3-13 所示。

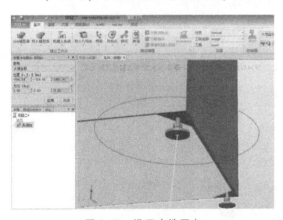

图 3-12　设置本地原点

图 3-13　本地原点修改完毕

2. 修改位置

1）在"布局"列表中选择"位置"→"设定位置"，如图 3-14 所示。

2）在弹出的列表中，将大地坐标系的位置与方向数值（共 6 个数值）均改为 0，如图 3-15 所示。

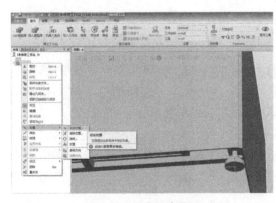

图 3-14　选择设定位置

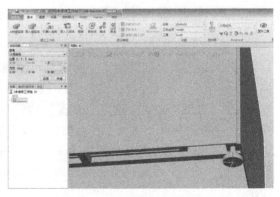

图 3-15　输入大地坐标系的位置值

3）单击"应用"按钮，此时，该脚杯自动置于大地坐标系原点处，表示实训台被放置于地面上。

4）单击"关闭"按钮，实训台摆放如图 3-16 所示。

3. 导入机器人

按照项目一中的方法，导入 ABB IRB 机器人。

1）在"基本"菜单中选择"ABB 模型库"，再选择"IRB-120"，ABB IRB-120 机器人被导入工作站中，如图 3-17 所示。

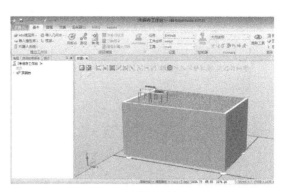

图 3-16 完成摆放的实训台

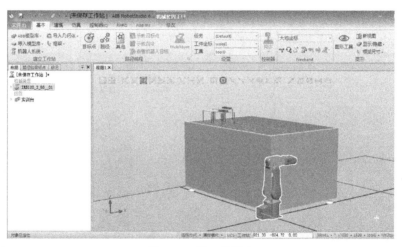

图 3-17 导入机器人

2）调整合适的角度，将实训台桌面面向屏幕，捕捉方式选择"选择部件"与"捕捉中心"。用一点法设定机器人位置，在"布局"列表中右击"IRB 120"机器人，依次序选择"位置"→"放置"→"一个点"，如图 3-18 所示。

3）在左侧属性列表中，单击"主点-到（mm）"下面的输入框，使光标在输入框中闪烁，将鼠标放于机器人底座的中心点附近，自动识别机器人底座的中心点，如图 3-19 所示。

4）单击"应用"按钮。此时，机器人被放置于底座上，如图 3-20 所示。

5）调整机器人的放置方向。右击"IRB 120"机器人，选择"位置"→"设定位置"，将方向参数里的 Z 方向数值改为"180"，如图 3-21 所示，单击"应用"按钮。

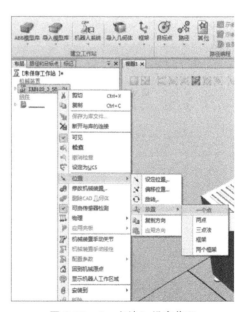

图 3-18 "一点法"设定位置

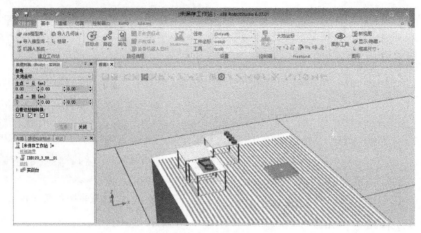

图 3-19 识别底座中心点

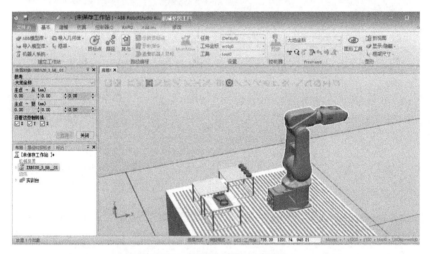

图 3-20 机器人放置于底座上

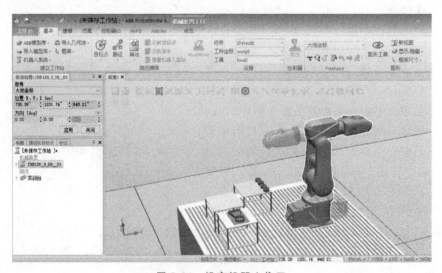

图 3-21 设定机器人位置

6）机器人调整完成，如图 3-22 所示。

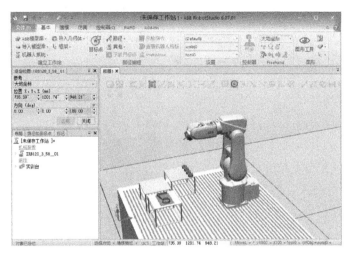

图 3-22 机器人调整完成

7）按照项目一中的步骤，添加机器人系统。

三、添加机器人工具

1）右击"IRB 120"，并在菜单中取消勾选"可见"前面的"√"，使工业机器人隐藏。采用同样的方法，选择"实训台"的三维模型，将实训台隐藏。

2）将"焊接工具"的三维模型导入本工作站中，如图 3-23 所示。

3）将"焊接工具"放置于大地原点。

① 设置本地原点。捕捉方式选择"选择部件"与"捕捉中心"。首先设定本地原点：按照前面放置实训台的方法，打开"设置本地原点：焊接工具"界面，将鼠标放于焊接工具外圆处，自动识别出外圆中心点后单击鼠标左键，并在属性列表中单击"应用"按钮，然后关闭界面，如图 3-24 所示。

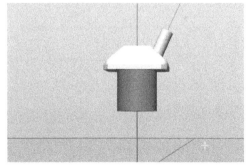

图 3-23 导入"焊接工具"

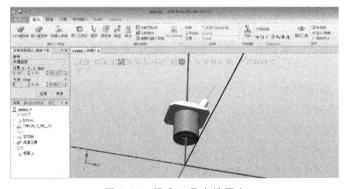

图 3-24 设定工具本地原点

② 放置于大地原点。右击"焊接工具"从菜单中依次选择"位置"→"设定位置"，在"设定位置：焊接工具"列表中，将位置和方向的 6 个参数均改为 0，如图 3-25 所示。

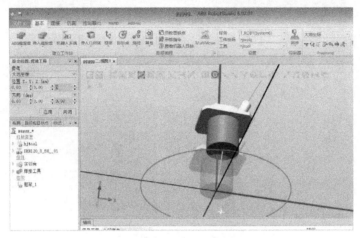

图 3-25　设定工具位置

③ 单击"应用"按钮后单击"关闭"按钮。此时，焊接工具底盘被置于大地原点处，如图 3-26 所示。焊接工具底盘被放置于大地原点处是为了在工具安装到机器人时能够与法兰盘中心点对应。

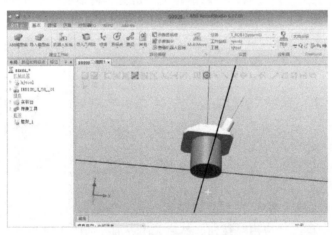

图 3-26　工具放置于大地原点处

4）创建框架。

① 捕捉方式选择"选择部件"与"捕捉末端"，单击"基本"菜单，选择"框架"→"创建框架"，如图 3-27 所示。

② 单击左侧"创建框架"列表中"框架位置"下的输入框，使光标在输入框中闪烁，然后指向模拟焊接光束的直线顶端，出现自动捕获的小球时单击鼠标左键，将框架的 Z 轴设定与光束方向一致，需将原有的 Z 轴方向绕 Y 轴旋转 21.46°，即在"框架方向"下的第二个输入框（绿色输入框）中输入"21.46"，如图 3-28 所示。然后单击"创建"按钮，框架创建完成。

5）创建夹具。

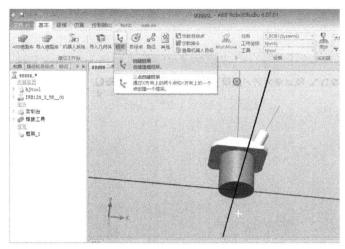

图 3-27　选择"创建框架"

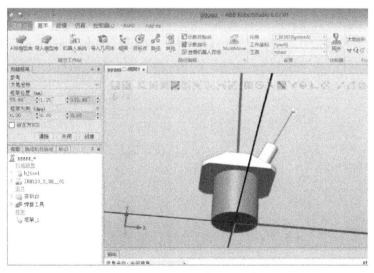

图 3-28　设置创建框架参数

① 选择"建模"菜单，在"建模"选项卡中单击"创建工具"。

② 在"创建工具"界面的"Tool 名称"下输入"hjtool"；在"选择组件"下勾选"使用已有的部件"，在下拉列表中选择"焊接工具"的三维模型，并单击"下一个"按钮，如图 3-29 所示。

③ 在"数值来自目标点/框架"下拉列表中选择刚刚创建的"框架 1"，并单击图 3-30 中间的"→"按钮，单击"完成"按钮，完成夹具的创建。

6）将工具安装到机器人法兰盘上。

① 在左侧"布局"列表中，用鼠标拖拽新创建的夹具"hjtool"节点到机器人节点上，将打开图 3-31 所示的"更新位置"界面，在界面中单击"是"按钮。

② 在左侧"布局"列表中，通过右击对应节点并在弹出的快捷菜单中勾选"可见"前的"√"，将机器人和工作站设置为"可见"，最终工作站建立完成，如图 3-32 所示。

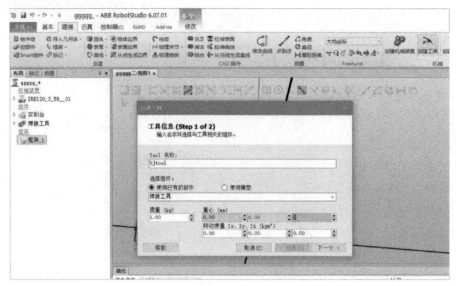

图 3-29　创建工具信息

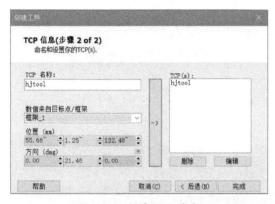

图 3-30　创建 TCP 信息

图 3-31　"更新位置"界面

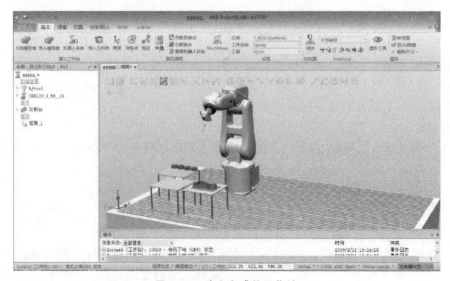

图 3-32　建立完成的工作站

思考与练习

1. 使用素材中"项目三"文件夹下的"练习 3_ 1_ 1"子文件夹中的素材,建立如图 3-33 所示的仿真工作站。其中切割工件靠近机器人一侧底边,与机器人前面底边的垂直距离为 23cm,机器人摆放在底座上。

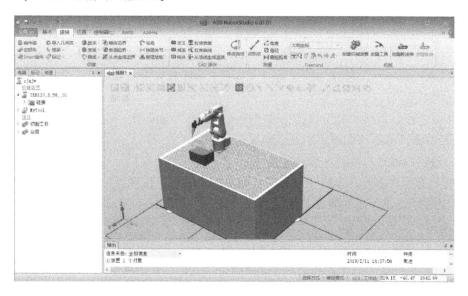

图 3-33 仿真工作站

2. 简述设定部件位置的操作步骤。
3. 简述创建工具的步骤。

任务二 仿真软件自动轨迹编程

任务描述

按图 3-34 所示工件形状编写焊接轨迹程序,要求根据三维模型曲线特征,利用离线编程软件 RobotStudio 的自动路径功能,自动生成机器人焊接的运动轨迹路径。

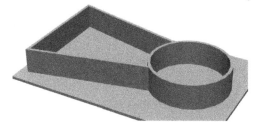

图 3-34 焊接工件

知识引导

一、自动路径功能

在 RobotStudio 仿真软件中，可根据三维模型自动生成机器人运动轨迹路径。注意：操作过程要随时保存。

二、关于离线编程的关键点

在离线轨迹编程中，需要注意的关键点有图形曲线和目标点调整。

1. 图形曲线

1）生成曲线。本项目采用捕捉三维模型边缘进行轨迹创建。在创建自动路径时，也可直接用鼠标捕捉图形边缘曲线，生成机器人轨迹。

2）一些复杂的三维模型在导入 RobotStudio 软件时，某些特征可能会丢失。虽然 RobotStudio 软件具有强大的仿真功能，但建模功能薄弱，因此，在导入三维模型之前，建议先在专业软件中进行处理，可在模型表面绘制相关曲线，然后导入 RobotStudio 软件，再根据这些曲线生成机器人轨迹。

2. 目标点调整

目标点调整方法有多种，在实际应用过程中，对于工具姿态要求较高的工艺需求场合，通常是综合运用多种方法进行多次调整。建议在调整过程中先对单一目标点进行调整，反复尝试调整完成后，其他目标点的某些属性可以参考调整好的一个目标点进行方向对准。

实践操作

一、仿真软件自动轨迹

1. 创建工件坐标系

1）这里不使用示教器建立工件坐标系，通过"基本"菜单中的"其他"工具来创建，单击"其他"工具，从列表中选择"创建工件坐标"，如图 3-35 所示。

图 3-35 创建工件坐标系

2）在左侧的"创建工件坐标"列表中，单击"用户坐标框架"下"取点创建框架"右侧的下拉列表框，在打开的界面中选择"三点"，如图 3-36 所示。

图 3-36 "三点法"创建工件坐标系

3）按照项目二中介绍的"三点法"设置工件坐标系。焊接工件台中的 3 个点位如图 3-37 所示。单击坐标原点位置（X1 点），观察"X 轴上的第一个点"下的数值是否有变化，如果没有变化，则单击某个输入框（3 个输入框分别表示 X 轴坐标、Y 轴坐标和 Z 轴坐标），使光标在其中闪烁后再单击对应的点位。用同样方法设置 X 轴上的第二个点（X2 点）和 Y 轴上的点（Y 点），然后单击"创建"按钮。

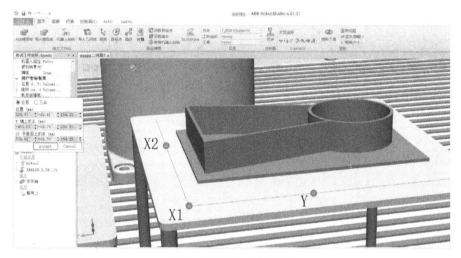

图 3-37 工件坐标点位

2. 创建自动路径

在本任务中，机器人需要沿着工件的外边缘进行焊接。可根据现有工件的三维模型，直接生成机器人运动轨迹。

1）在"基本"菜单工具栏中，选择"工件坐标"为"hjwobj"，选择"工具"为"hj-tool"，然后在工具栏中选择"路径"→"自动路径"，如图 3-38 所示。

2）在左侧的"自动路径"列表中，将"最小距离"和"公差"都设置为 1.00，然后鼠标按逆时针方向逐个选择被焊接物体的表面边缘（有颜色提示），如图 3-39 所示。

3）全部选好后，单击"创建"，生成自动路径，然后单击"关闭"按钮。在左侧"路径和目标点"列表中会看到生成的自动路径"Path_ 10"，如图 3-40 所示。

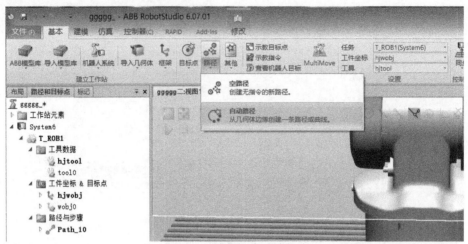

图 3-38 选择"自动路径"

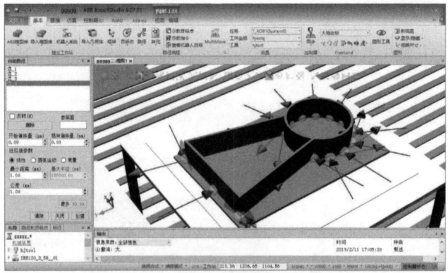

图 3-39 选择边缘

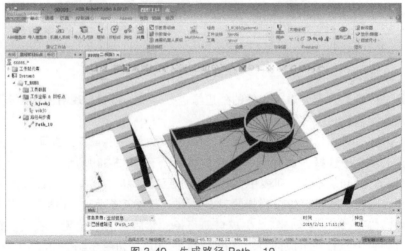

图 3-40 生成路径 Path_ 10

二、工具姿态调整

根据工件边缘曲线，软件自动生成了一条机器人运行轨迹"Path_ 10"，但机器人暂时还不能直接按照此轨迹运行，因为机器人还难以达到部分目标点的姿态。因此，需修改这些目标点的姿态，以使机器人能够到达所有目标点，然后进一步完善程序并进行仿真。

1. 路径修改

当在左侧"路径和目标点"列表中单击路径"Path_ 10"时，在视图中会看到生成的路径，同时有一条路径从直角变成了弧线，如图3-41所示，因此需要修改此路径。

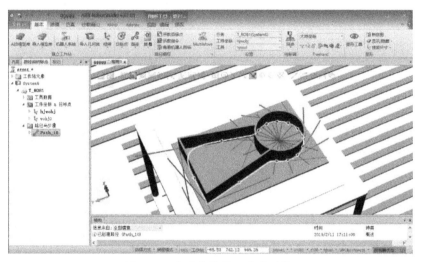

图3-41　生成的路径（变成弧线）

1）在"基本"菜单工具栏中，单击图形功能区的"显示/隐藏"，从列表中勾选"目标名称"，调整观察角度，这时转角的目标点名称为"Target_ 130"，如图3-42所示。

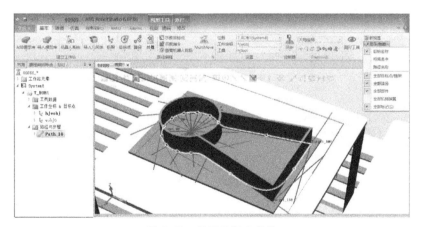

图3-42　显示目标点名称

2）展开左侧"Path_ 10"，找到"Target_ 130"路径指令，右击，从快捷菜单中选择"修改指令"→"区域"→"fine"，如图3-43所示。

3）选择"fine"后，轨迹将能够准确到达此点，而不是用转弯半径绕过此点，如图

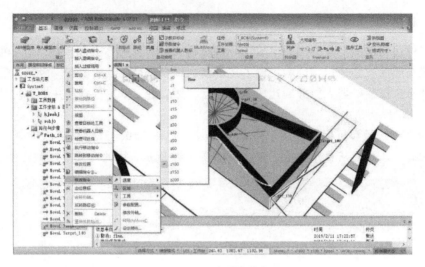

图 3-43　设定转弯半径

3-44所示。为了便于操作，再次单击"显示/隐藏"，取消"目标名称"的勾选。

2. 目标点的姿态调整

1）调整目标点的过程中，为了便于查看工具在此姿态下的效果，可以在目标点处显示工具。在左侧"路径和目标点"列表中，展开到图 3-45 所示的层级，将看到所有的目标点。

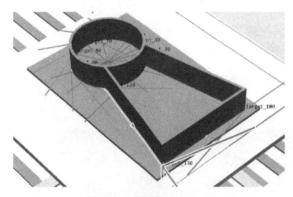

图 3-44　设置"fine"后

图 3-45　目标点

2）右击一个目标点，选择"查看目标处工具"，然后单击"hjtool"，使其前显示出"√"。单击目标点后，在"视图"界面中可以看到该目标点的工具姿态，如图 3-46 所示。

3）在"Path_10"节点下，如其指令前的图标箭头左下角有红色 ![icon] 或者黄色图标 ![icon]（图3-47），说明机器人难以到达这个目标点处的工具姿态，此时要改变该目标点的工具姿态。右击"工件坐标 & 目标点"节点下的目标点，如"Target_10"，选择"修改目标"→"旋转"，如图 3-48 所示，打开"旋转"界面。

4）在图3-49所示的"旋转"界面中，一般需要设定"旋转（deg）"的值，在右侧选择旋转围绕的坐标轴（X，Y，Z），此坐标轴为工具坐标轴（即本项目任务一中创建框架时设定的坐标轴，在工具的激光顶端会看到该坐标轴的显示，作为旋转的参考），设置"旋转"值后，单击"应用"按钮即可改变角度。根据焊接点调整工具角度，并且保证机器人

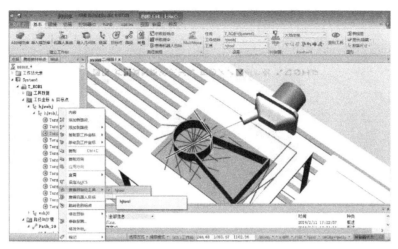

图 3-46　工具姿态

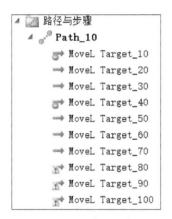

图 3-47　路径指令

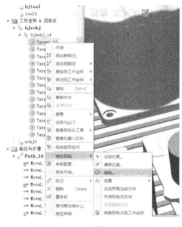

图 3-48　"旋转"菜单

能够到达。设置时，注意观察"Path_10"节点下的指令前的图标，如果只是一个箭头，表明该路径机器人可以到达。设定时，可以逐个单击"工件坐标 & 目标点"节点下需要修改的目标点，在"旋转"界面中修改。修改时，要注意观察界面上部的标签"旋转:"后的点位名称是否为要修改的点位。

图 3-49　"旋转"界面

5）当所有目标点姿态全部修改完成，在"Path_10"节点上右击选择"自动配置"→"线性/圆周移动"指令。

6）在"Path_10"节点，右击选择"沿着路径运动"，机器人即可按自动路径运动。如果能完整运动，则完成轨迹建立；如不能，则需继续修改目标点姿态。当选中全部路径后，如图 3-50 所示，可以看到所有工具的姿态。修改过程中，可以根据姿态流畅度及焊接工艺要求进行调整。保存后，轨迹建立完毕。

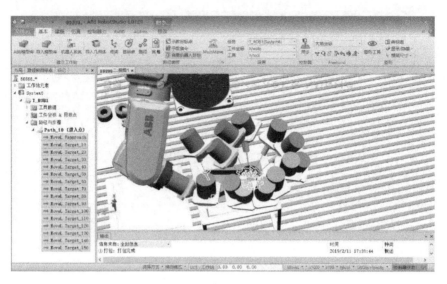

图 3-50　全部工具姿态

思考与练习

1. 在本项目任务一中【思考与练习】的第 1 题所建立的工作站建立工件坐标系。

2. 在本项目任务一中【思考与练习】的第 1 题所建立的工作站中生成自动轨迹路径，以实现模拟切割工件的轨迹运动。

任务三　轨迹程序导入与调试运行

任务描述

轨迹生成后，需要编制程序，并将轨迹程序导入真实工作站，在工作站中调试运行。

知识引导

一、添加路径

（1）复制粘贴法　在已有路径的基础上添加新的路径，通常采用复制原有路径、粘贴后修改目标点的方法。

（2）创建目标法　可以采用单击"基本"菜单工具栏中的"目标点"，从下拉列表中选择"创建目标"，然后在打开的"创建目标"列表中设置点的位置信息。"创建目标"列表如图 3-51 所示。

在"创建目标"列表中，设置"点"的位置信息。单击"添加"按钮，将增加新的点位；单击"创建"按钮，将创建目标点。如果想在增加新点位的同时，将运动指令插入

"Path_10"中，则需要单击"更多"按钮，打开图3-52所示的对话框，勾选"插入运动指令到"，设置工件坐标系、目标点名称。

图3-51 "创建目标"列表

图3-52 "更多"对话框

（3）示教指令和示教目标点法 在"基本"菜单工具栏中单击"示教指令"，将在路径末尾添加一条运动指令，同时在"工件坐标 & 目标点"节点下增加一个新的目标点。

如果想示教目标点，则将机器人运动到合适位置后，单击"示教目标点"，实现目标点的示教。

二、同步 RAPID

同步即确保在虚拟控制器上运行系统的 RAPID 程序与 RobotStudio 内的程序相符。可从 RobotStudio 同步至虚拟控制器（VC）或从虚拟控制器同步至 RobotStudio。

在 RobotStudio 工作站中，机器人的位置和运动通过"目标"和"路径"中的"移动指令"定义。它们与 RAPID 程序模块中的"数据声明"和"RAPID 指令"相对应。通过使工作站与虚拟控制器同步，可在工作站中使用数据创建 RAPID 代码。通过使虚拟控制器与工作站同步，可在虚拟控制器上运行的系统中使用 RAPID 程序创建路径和目标点。

1. 将工作站同步至虚拟控制器

若要使工作站与虚拟控制器同步，可通过工作站内的"最新更改"来更新虚拟控制器的 RAPID 程序。将工作站同步至虚拟控制器应在执行下列操作之前进行：

1）执行仿真。

2）将程序保存至个人计算机上的文件中。

3）复制或加载 RobotWare 系统。

将工作站同步到虚拟控制器的操作可在 RobotStudio 中通过"同步到 RAPID"实现。

2. 将虚拟控制器同步至工作站

虚拟控制器与工作站同步时，可在虚拟控制器上运行的系统中创建与 RAPID 程序对应的路径、目标点和指令。将虚拟控制器同步至工作站，应在完成下列操作之后进行：

1）启动的系统中包含现存的新虚拟控制器。

2）从文件加载了程序。

3）对程序进行了基于文本的编辑。

将虚拟控制器同步到工作站的操作可在 RobotStudio 中通过"同步到工作站"实现。

三、仿真运行

进行仿真时，机器人程序将在虚拟控制器上运行。在进行仿真前，首先需要选择进行仿真的路径，然后利用"仿真控制"进行仿真播放、停止等操作。

1. 仿真设定

在菜单栏中单击"仿真"，打开"仿真"工具栏，在"仿真"工具栏的配置功能区单击"仿真设定"，打开如图 3-53 所示的"仿真设定"选项卡。在"仿真设定"选项卡中选择需要模拟的物体，当选择"T_ROB1"后，在右侧选择进入点，即要仿真运行的例行程序，这里选择"Path_10"。然后单击"关闭"按钮。

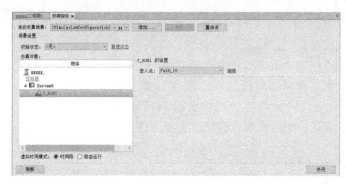

图 3-53 "仿真设定"选项卡

2. 仿真控制

在"仿真"菜单的工具栏中，有一个"仿真控制"功能区，如图 3-54 所示。

图 3-54 "仿真控制"功能区

1) 单击"播放"按钮，仿真开始，"暂停"和"停止"按钮即被启用，这时"暂停"按钮变为"步进"。单击该按钮，以步进方式运行仿真；单击"停止"按钮，仿真停止。

2) 暂停仿真时，"播放"按钮变为"恢复"按钮，单击"恢复"按钮可继续模拟仿真。

3) 单击"重置"按钮，将模拟仿真重设为初始状态。

实践操作

一、完善程序

轨迹生成后，需添加轨迹起始接近点、轨迹结束离开点以及安全位置 home 点。

1. 轨迹起始接近点的设置

1) 选择 Path_10 路径下的第一个目标点，右击选择"复制"。

2) 右击"工件坐标系"，选择"粘贴"，在弹出的"创新目标点"界面中选择"是"按钮。

3) 在"工件坐标 & 目标点"节点下右击这个新的目标点，选择"重命名"，将其重命名为"Papproach"。然后通过鼠标拖拽指令行的方法，调整其顺序位置为第一个指令，如图

3-55 所示。

4）选择该"Papproach"点，右击选择"修改目标"→"偏移位置"，参考设为"本地"，偏移值填写合适的数值。

2. 轨迹结束离开点的设置

参考上述步骤，将轨迹的最后一个目标点做偏移调整后，添加至路径的最后一行。

3. 添加安全位置点（home 点）

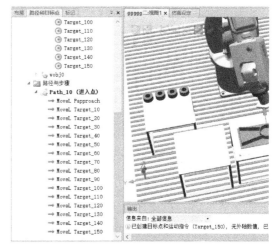

图 3-55　添加的指令

将机器人安全位置点命名为"Phome"。为了便于简化，此处直接将机器人默认原点位置设为 home 点。

1）选择"IRB 120"机器人，右击选择"回到机械原点"。home 点一般在 wobj0 坐标系中创建：工件坐标系选为 wobj0，在"基本"菜单工具栏中，单击"示教指令"，将在 Path_10 末尾增加一条运动到新目标点的指令，同时在"工件坐标 & 目标点"节点下会看到新的目标点。这里新增加的目标点位是"Target_150"，如图 3-56 所示。

2）在"工件坐标 & 目标点"节点下将生成的目标点"Target_150"重命名为"Phome"，通过复制、粘贴和拖拽移动的方法，将其添加到 Path_10 路径下的第一行与最后一行，即运动起始点和运动结束点都在 home 位置。

4. 编辑指令

修改轨迹起始接近点、轨迹结束离开点以及安全位置 home 点处的指令，使其满足运动要求。右击对应 Path_10 节点下的路径，并在打开的快捷菜单中选择"编辑指令"，在打开的界面中修改运动类型、运动速度及转弯半径参数。

图 3-56　新添加的目标点和指令

二、调试及运行

1. 同步到虚拟控制器

轨迹若无问题，则将路径 Path_10 同步到虚拟控制器，转换成 RAPID 代码。方法为：在"基本"选项卡的"同步"菜单中选择"同步到 RAPID"，打开如图 3-57 所示的界面。在界面中勾选"同步"下所有的复选框，然后单击"确定"按钮。

2. 仿真设定

按本任务【知识引导】中介绍

图 3-57　"同步到 RAPID"界面

的方法进行仿真设定,将路径 Path_ 10 导入到主队列中。

3. 执行仿真

使用"仿真控制"中的"播放"按钮执行仿真,查看机器人运行轨迹。

4. 程序导入真实工作站中运行

这里使用复制代码的方式进行。

1)将计算机与真实工作站的控制器通过网络连接。

2)打开 RobotStudio 软件,在"控制器"菜单中单击"添加控制器",从打开的列表中选择"一键连接"。连接成功后,在左侧"控制器"列表中可见连接到的机器人控制器显示在服务端口的下面,如图 3-58 所示。

3)在 RobotStudio 软件中单击"RAPID"菜单,在工具栏中选择"请求写权限",这时在真实机器人的示教器中会有提示信息,如图 3-59 所示,在提示中单击"同意"按钮,这时即可将程序写入真实控制器中。

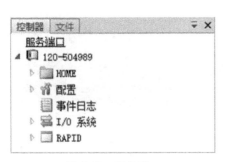

图 3-58 服务端口

图 3-59 请求写权限

4)在 RobotStudio 软件左侧的"控制器"列表中,展开当前工作站下"RAPID"节点,再展开"T_ ROB1"节点,再后双击"Module1"节点,在右侧打开图 3-60 所示代码界面。在代码界面中选择所有的代码,然后复制。

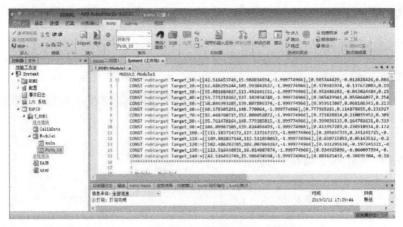

图 3-60 代码界面

5)在 RobotStudio 软件左侧的"控制器"列表中展开服务端口下"RAPID"节点,再展开"T_ ROB1"节点,然后双击"Module1"节点,也可以右击"T_ ROB1"节点新建一个模块后双击该模块，这时在右侧将打开"编程"界面，在"编程"界面中粘贴程序代码，单击工具栏中的"应用"按钮，然后单击工具栏"收回写权限"。

5. 修改工件坐标

仿真工作站的焊接工件模型与真实工作站一致，但是真实工作站中焊接工件安装位置会有偏差，因此需要重新设置工件坐标，使真实工作站机器人的运动与仿真运动一致。

重新设定工件坐标的方法：在真实示教器中，打开"手动操纵"界面，单击"工件"，打开图 3-61 所示的界面。在界面中选择"hjwobj"，然后单击"编辑"命令，从列表中选择"定义"。按照项目二中建立工件坐标系的方法重新设定工件坐标系。

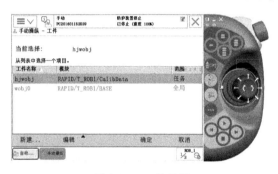

图 3-61 工件界面

思考与练习

1. 针对本项目任务二中【思考与练习】第 2 题建立的轨迹程序进行仿真运行及调试。
2. 简述建立自动轨迹路径的方法。

项目四 码垛编程
CHAPTER 4

一、知识目标

1）熟知坐标计算的方法。
2）熟记机器人 I/O 指令、程序控制指令。

二、技能目标

1）能按照动作要求规划机器人的运动轨迹。
2）能根据要求离线编写机器人程序，并导入机器人系统中。
3）能在实际设备中示教点位后使程序再现运行。

三、素养目标

1）养成严谨的逻辑思维。
2）形成良好的编程示教习惯。

工作任务

从取料台取出物料，并将物料按照指定的样式摆放在放料台中，工作站结构如图 4-1 所示。取料台如图 4-2 所示。物料直径为 40mm，物料高度为 20mm，物料圆心之间的距离为 50mm。放料台中物料摆放的样式如图 4-3 所示，左右物料中间空隙的间距为 2mm。

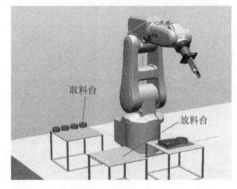

图 4-1　工作站结构

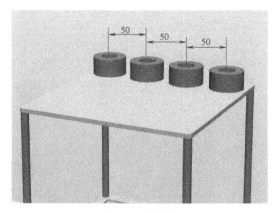

图 4-2　取料台

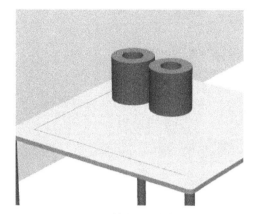

图 4-3　放料台摆放物料结构

任务一　编程思路设计

任务描述

为了实现码垛功能，进行总体编程思路设计，要清楚地描述机器人工作流程，绘制出流程图，为后续的程序编制提供依据。

知识引导

一、程序流程图

程序流程图又称程序框图，采用统一规定的标准符号描述程序运行的具体步骤。程序框图的设计是在处理流程图的基础上，通过对输入、输出数据和处理过程的详细分析，将主要运行步骤和内容标识出来。流程图主要用来说明某一过程，这个过程既可以是生产线上的工艺流程，也可以是完成一项任务必需的管理过程，能直观地描述一个工作过程的具体步骤。

二、流程图的表示

流程图使用一些标准符号代表某些类型的动作。为便于识别，绘制流程图的标准符号是：圆角矩形表示"开始"与"结束"，矩形表示行动方案、普通工作环节，菱形表示问题判断或判定环节，平行四边形表示输入、输出，箭头代表工作流方向。

1）开始框

2）结束框

3）执行框（行动方案）

4）判断框

5）输入、输出

实践操作

一、工作流程描述

机器人码垛总体工作流程如图4-4所示：机器人首先运动到初始位置（即home点），之后机器人末端工具直线运动到第一个待取物料的上方点位，然后垂直下落到取物料点位，夹取物料、向上抬起到上方点位后平移到待放点位上方，再垂直下落到放置点位后放下物料，之后机器人抬起（即$A \rightarrow B \rightarrow C \rightarrow B \rightarrow D \rightarrow E \rightarrow D$）。夹取其他物料的过程与第一个物料一致，只是点位不同。

由于机器人取料盘的物料摆放间距一致，且排列方向与机器人 Y 轴方向平行，因此不需要建立工件坐标系，使用机器人的基坐标系即可。可以借助坐标计算的方式获得下一个待取物料的位置，同样可以利用计算的方法获得物料待放的位置。

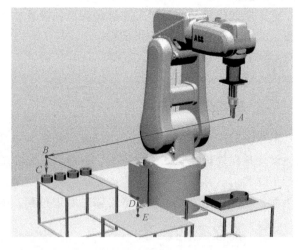

图4-4　机器人码垛总体工作流程

二、总体流程设计

根据工作流程描述可以设计出如图4-5所示的总体流程图。

三、点位的计算

1. 取料点位的计算

取料点位的计算需要有一个基准点，可以最左侧点为第一个点位，并以此为基准计算其他点位。其他点位在这个点的基础上沿 Y 轴方向增加 i 个间距（50mm），第一个点 i 的值为

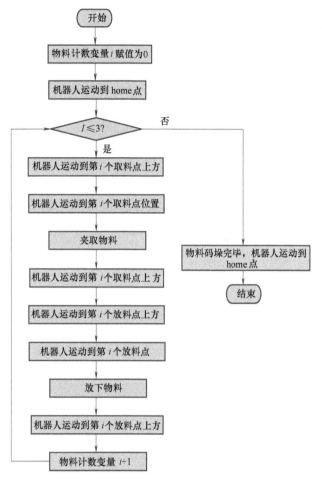

图 4-5　总体流程图

初始值 0，第一个物料放置完成后 i 的值加 1，那么第二个点就在第一个点的基础上沿 Y 轴方向增加 1 个间距（50mm），第三个点、第四个点依次类推，第四个点就是在第一个点的基础上沿 Y 轴方向增加 3 个间距（50mm）。

2. 放料点位的计算

由于物料要摆放两层，因此需要在 Z 轴上增加距离，可以先设定摆放第一层，然后再摆放第二层，第二层物料是在第一层物料的基础上沿 Z 轴方向增加了 20mm。当 $i<2$ 时为前两个物料，应摆放在第一层；当 $i \geq 2$ 时为后两个物料，应摆放在第二层。因此可以使用判断流程，根据 i 值的判断结果，确定是摆放在第一层还是摆放在第二层。

水平摆放两个物料时，为了摆放不碰撞，两个物料之间的间距为 2mm，两个物料圆心距离为 42mm。以左边位置为第一个摆放点并作为基准点；第二个摆放点则是第一个摆放点向右（Y 轴）增加 1 个距离；第三个物料摆放在第二层左边，Y 轴不在第一个摆放点基础上增加距离；第四个物料摆放在第二层右边，Y 轴在第一个摆放点基础上增加 1 个距离。

那么如何能够将物料计数变量 i 与 Y 轴方向上移动的距离关联起来呢？i 的初始值为 0，可以认为第一个物料为 0 号物料，之后的物料号逐次增加 1。放置物料时，0 号物料 Y 轴不移动距离，即移动 0 个距离；1 号物料移动 1 个距离；2 号物料移动 0 个距离，这里可以认为是第二层的第 0 号物料；3 号物料移动 1 个距离，这里可以认为是第二层的第 1 号物料。这时可发现规律：每层的 0 号物料不移动距离，1 号物料移动 1 个距离，则每层的物料号就可与移动的距离个数关联起来。那么又如何通过 i 获得这一层的编号呢？因为每层只有两个物料，用 i 除以 2 的余数即是本层物料编号。这里使用流程图来说明计算过程，如图 4-6 所示。

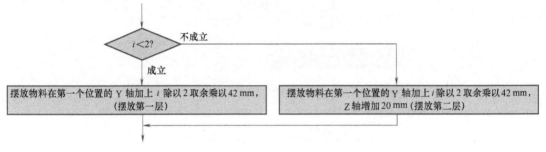

图 4-6　放置点位计算过程

思考与练习

1. 放料点位计算中，如果不使用"$i<2$？"判断，而是通过计数变量 i 来计算层数，要改变第二层 Z 轴的距离，如何实现？

2. 物料码垛后的摆放形式如图 4-7 所示，第一层左、右物料空隙距离为 2mm，分析机器人工作流程，并绘制总体工作流程图。

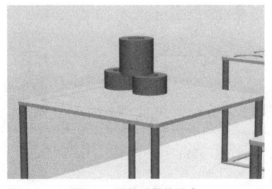

图 4-7　码垛后摆放形式

任务二　使用指令编程

任务描述

根据分析的流程，通过离线软件 RobotStudio 编写机器人程序，实现机器人码垛功能。采用计算方式获得机器人运动的点位，减少机器人点位示教的数量，并做好节拍速度设置，提高稳定性和工作效率。其中机器人控制夹爪的输出信号名称为"do_ 04_ common_ fix-ture"。

知识引导

一、坐标的计算

坐标的计算是基于某一点位偏移的方法来实现的，可通过功能指令 offs 完成计算。功能指令 offs 的格式为

offs（p1，x，y，z）

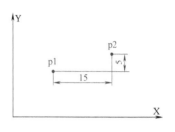

图 4-8 坐标关系图

其中 p1 为基准点位的名字，x 为沿 X 轴方向偏移的距离，y 为沿 Y 轴方向偏移的距离，z 为沿 Z 轴方向偏移的距离，坐标方向为编程中使用的工件坐标系方向。经过计算后，最终的点位为 p1 点 X 轴加上 x 值，Y 轴加上 y 值，Z 轴加上 z 值之后的点位。

如图 4-8 所示，在 XY 平面中，有已示教点位 p1 并且机器人目前已运动到点位 p1，p1 与 p2 之间的 X 轴和 Y 轴偏移的距离已给出，需要通过计算得到点位 p2，并且直线运动到点位 p2。

使用的指令为

MoveL offs(p1,15,5,0) ,v100,Z0…

即 X 轴偏移 15mm，Y 轴偏移 5mm，Z 轴偏移 0，MoveL 指令可实现直线运动。

二、程序数据

1. 程序数据的概念和类型

程序数据是指在程序模块或系统模块中设定的值和定义的一些环境数据。这些数据都有自己的数据类型，如目标位置数据（robtarget）、运动速度数据（speeddata）、运动转弯数据（zonedata）和机器人工具数据（tooldata）等。ABB 机器人的程序数据共 76 种，可以根据实际情况进行创建。

可以在示教器上直接查看程序数据，在图 4-9 所示的界面中，单击"菜单""选择"

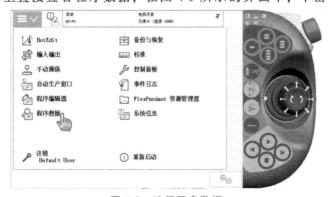

图 4-9 选择程序数据

"程序数据"，打开图 4-10 所示 "程序数据" 界面，在界面中右下角单击 "视图"，选择
"全部数据类型"，可以查看全部程序数据类型。双击程序数据类型名称，可以查看该类型
下已经创建的程序数据。

图 4-10　"程序数据" 界面

2. 程序数据存储类型

程序数据存储类型一般分为常量、变量和可变量三种。

（1）常量（CONST）　常量是在声明时赋予值，其值在程序中不能再被修改。RAPID 中
常用的常量是机器人目标点，其数据类型为 robtarget，声明代码格式为

存储类型　　　程序数据类型　　　数据名称

CONST　　robtarget　　p10:=值;

（2）变量（VAR）　变量的值在程序中可以根据需要随时变化，在程序执行和停止时，
会保持当前值。但如果指针被移到主程序 main 后，数值会丢失，重新以初始值运行。

本任务中使用的是数值型变量，数据类型名为 num，声明代码的格式为

VAR num 变量名:=值;

其中 VAR 表示存储类型为变量。举例如下：

VAR string x:="abc"；　！定义一个名字为 x 的字符串类型变量，初始值为字符串 abc

VAR bool IsOk；　！定义一个名字为 IsOk 的布尔类型变量，没有赋给初始值

（3）可变量（PRES）　可变量的特点是，无论程序的指针如何，都会保持最后赋予的
值。可变量声明代码举例如下：

PRES num con:=1；　！定义一个名称为 con 的数字类型可变量

PRES bool Istrue:=FALSE；　！定义一个名称为 Istrue 的布尔类型可变量

3. 在示教器中声明程序数据

在图 4-10 所示的 "程序数据" 界面中，双击要声明的数据类型，打开如图 4-11 所示的
"数据类型" 界面，单击下部的 "新建" 选项，进入图 4-12 所示的 "新数据声明" 界面，
在该界面中设置新数据的名称、范围、存储类型等信息。如需设置初始值，则可以单击左下
角 "初始值"，在打开的界面中输入初始值，然后单击 "确定" 即可声明程序数据。

三、常用指令

1. I/O 控制指令

（1）Set/SetDO

图 4-11 "数据类型"界面

图 4-12 "新数据声明"界面

Set：将数字输出信号设置为 1，指令格式为

Set Do1； ！设置 Do1 信号为 1

SetDO：将数字输出信号设定为指定的值，设置为 1，指令格式为：

SetDO Do1,1； ！设置 Do1 信号为 1

（2）Reset/SetDO

Reset：将数字输出信号设置为 0，指令格式为：

Reset Do1； ！设置 Do1 信号为 0

也可以使用 SetDO 将输出信号设置为 0，指令格式为：

SetDO Do1,0； ！设置 Do1 信号为 0

2. waitTime 等待指令

在机器人运动时，为了运动稳定，可加入等待指令，让机器人等待一段时间，使夹具在取、放稳物体后再进行下一步动作，其时间单位为秒（s），等待 0.5s 的指令格式为

waitTime 0.5；

3. 常用逻辑运算指令

（1）赋值指令"：=" 赋值指令用于对程序数据进行赋值，所赋的值可以是一个常量或数学表达式。例如：

con：= 5；

con: = con+1;

（2）计数指令"Add"　计数指令用于实现在一个数字数据上增加相应的值，例如：

Add con,2;

实现的功能是 con 的值将在原来值的基础上增加 2，可以用赋值指令替代。例如：

con: = con+2;

（3）清零指令"Clear"　清零指令用于将一个数字数据的值归零，也可以用赋值指令替代，例如：

Clear con;

con: = 0;

这两个指令的功能是一样的。

（4）自加指令"Incr"　自加指令用于将一个数字数据的值增加 1，一般用于计数，也可以使用赋值指令替代。例如：

Incr con;

con: = con+1;

这两个指令的功能是一样的。

（5）自减指令 Decr　自减指令用于将一个数字数据的值减少 1，也可以用赋值语句替代，例如：

Decr con;

con: = con−1;

这两个指令的功能是一样的。

4. 常用逻辑控制指令

（1）IF 语句　IF 语句为判断语句，又称为选择语句，根据条件决定程序执行对应的语句。在 RAPID 程序中，IF 语句有简单 IF 语句和复杂 IF 语句两种。

1）简单 IF 语句的语法格式为

IF 表达式 THEN

　　语句 1;

ENDIF

语句功能为：当表达式的值为真或者大于 0 时，执行语句 1，否则不执行语句 1。简单 IF 语句流程如图 4-13 所示。

2）复杂 IF 语句的语法结构为

IF 表达式 1 THEN

　　语句 1;

ELSE

　　语句 2;

ENDIF

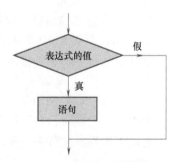

图 4-13　简单 IF 语句流程

语句功能为：当表达式的值为真或者大于 0 时，执行语句 1，否则执行语句 2。复杂 IF 语句流程如图 4-14 所示。

（2）FOR 语句　FOR 语句为实现循环功能的语句，作用是根据条件让某些语句循环执行。在 RAPID 程序中，FOR 循环语句的语法格式为

FOR 变量名 FROM 表达式 1 TO 表达式 2 DO

　　程序语句；

ENDFOR

　　其中变量名为计数变量，实现对循环进行计数，语句被执行一次之后变量的值加 1；表达式 1 的运算结果为计数变量的初始值；表达式 2 的运算结果为计数变量的终止值；当计数变量的值大于表达式 2 的值时，循环将结束。

　　FOR 循环语句的执行流程如图 4-15 所示。

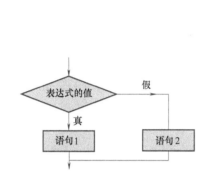

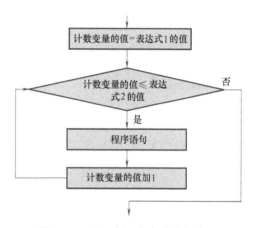

图 4-14　复杂 IF 语句流程

图 4-15　FOR 循环语句的执行流程

　　（3）WHILE 语句　WHILE 语句的功能为：如果条件满足，则重复执行对应的程序语句，能实现程序的循环执行。WHILE 循环语句的语法格式为

WHILE 条件表达式 DO

　　程序语句；

ENDWHILE

　　当条件表达式为真时，则执行程序语句，程序语句执行后，重新判断条件表达式的真假，不断重复运行；当条件表达式为假时，循环结束。WHILE 循环程序的执行流程如图 4-16 所示。

　　（4）TEST 语句　TEST 语句为根据指定变量的判断结果，执行对应的程序语句。TEST 语句的语法格式为

TEST 变量

　　CASE 值 1,值 2…:

　　语句 1；

　　CASE 值 4:

　　语句 2；

　　…

　　DEFAULT：

　　语句 n；

ENDTEST

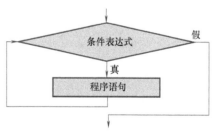

图 4-16　WHILE 循环程序的执行流程

程序功能为：当变量的值与 CASE 后面的值相同时，执行对应的语句；如果都不相同，则执行"语句 n"。其中如果没有语句 n 要执行，则可以省掉 DEFAULT；如果多种条件下执行同一操作，则可以合并在同一个 CASE 中，多个值在 CASE 后面用"，"分隔。

四、注释

在语句前面加上"!"，则整个语句作为注释行，此语句在程序运行时不被执行。在某一行中加上"!"，本行"!"后的语句将作为注释语句，在程序运行时不会被执行，下一行语句不受影响。注释语句通常用作书写程序的说明。在运行调试时，不让某条语句被执行，也可以在语句前面加上"!"。

实践操作

一、RobotStudio 编程准备

为了方便编程，可先在 RobotStudio 软件中进行离线编程，然后再将编写的程序导入机器人系统中。

如果没有真实设备，可利用 RobotStudio 软件实现搬运仿真。具体操作方法为：打开"项目四.rspag"程序包并解压，然后在 RobotStudio 中编写 RAPID 程序，并示教仿真运行。

如果有真实的实训工作站，则可以按如下步骤设置 RobotStudio 软件，编写程序后使用真实机器人进行示教调试。

（1）添加机器人　在 RobotStudio 软件中的"基本"菜单列表中选择"ABB 模型库"，再从中选择"IRB 120"机器人。

（2）添加机器人系统　首先确认计算机已通过网线连接到控制器的服务端口，计算机的 IP 地址是 192.168.125 网段（此网段为 ABB 机器人服务端口使用的网段，机器人服务端口 IP 地址固定为 192.168.125.1）。

然后在 RobotStudio 软件中，在"控制器"菜单下，单击"添加控制器"，从打开的列表中选择"一键连接"。连接成功后，在左侧"控制器"列表中会看见连接到的机器人控制器显示在"服务端口"的下面，如图 3-58 所示。这时可以通过在线方式进行程序编写，也可以通过离线方式编写，然后再将程序导入机器人控制器中。

1）在线方式编程。在 RobotStudio 软件中，单击"RAPID"菜单，在工具栏中选择"请求写权限"，这时在真实机器人的示教器中会有提示信息对话框，如图 3-59 所示。在提示信息对话框中单击"同意"按钮，这时就可以进行程序的编写。

在 RobotStudio 软件左侧"控制器"列表中展开"RAPID"节点，再展开"T_ ROB1"节点，然后双击"Module1"节点，也可以右击"T_ ROB1"节点，新建一个模块后双击该模块，这时在右侧将打开编程界面，在编程界面中可以进行程序编写。编写完程序后，单击工具栏"收回写权限"。

2）离线方式编程。在线方式编程需要保持控制器处于启动状态，且机器人不能被操作。但在离线方式下编程，添加完系统后，不需要控制器启动，也不需要计算机与机器人连接就可以编程，且编程地点和时间都可随意。程序编写完成后，再开启真实工作站的控制器，将程序导入控制器即可。离线方式编程需要在软件中创建真实控制器的虚拟副本，具体

方法如下：

① 在创建"一键连接"控制器后，在"控制器"工具栏中单击"离线设定"按钮，在弹出的界面中进行设置，如图 4-17 所示。

② 选择创建对象的虚拟副本为"一键连接"的控制器，默认不用重新选择；输入系统名称，此名称为 RobotStudio 中的虚拟系统名称；选择系统保存的位置；勾选"将系统添加到工作站"和"创建与原始系统的传输关系"两个选项；单击"确定"按钮。等待一段时间后，在左侧"控制器"列表中将出现"当前工作站"下显示的虚拟系统，如图 4-18 所示。

图 4-17　离线设定

图 4-18　"控制器"列表

③ 选择"RAPID"菜单，在左侧"控制器"列表中展开虚拟系统下的"RAPID"节点，再展开"T_ ROB1"节点，然后双击"Module1"节点，也可以右击"T_ ROB1"节点新建一个模块后双击该模块，这时在右侧将打开编程界面，在编程界面中可以进行程序编写。这时可以右击服务端口下的"控制器"，选择"删除"，只保留虚拟控制器，然后进行离线编程，计算机也可以脱离与真实控制器的连接。

二、程序编写

1. 设置常量和变量

在左侧"控制器"列表中，右击模块名称，在快捷菜单中选择"RAPID 数据编辑器"，在右侧出现"数据编辑器"界面，如图 4-19 所示。

图 4-19　"数据编辑器"

（1）声明常量　本任务中的常量为目标点，在"数据编辑器"界面中的"类型"输入框中输入"Robtarget"，然后单击"新声明"，在下面出现新声明的常量列表，修改名称为"home"，系统会打开提示更改的界面，在界面中选择"是"按钮，选择类型为"CONST"（默认也是该值），即可声明目标点常量。回到"程序编辑器"，在"程序编辑器"模块的内部第一行将出现声明常量的代码，如果继续声明常量，可以复制第一行，粘贴到第二行，然后修改目标点名称即可。目标点的值在进行示教时，会被示教的点位值替换。

（2）声明变量　本任务需要声明数值类型的循环变量i，在界面中的"类型"输入框中输入"num"，然后单击"新声明"，在下面出现新声明的变量列表，修改名称为i，选择类型为"VAR"，即可声明变量。

2. 编写例行程序

由于程序不复杂，不用建立其他的例行程序，可在 main 主程序中编写代码。代码中"!"后面的内容为注释内容，程序执行时不会被运行，只是起到说明作用。

在代码界面的"Module1"下常量和变量声明代码的下面输入"PROC"，会出现提示菜单，从中选择"PROC…ENDPROC"选项，在代码中将 PROC 后（）前的例行程序名称修改为 main，然后在例行程序内部［即 PROC main（）与 ENDPROC 之间］编写程序代码。在 RAPID 菜单中选择"指令"按钮，可以从列表中选择需要的指令（如 MoveJ）。根据程序流程编写出如下代码：

```
MODULE Module1
    CONST robtarget home:=[[0,0,0],[1,0,0,0],[0,0,0,0],[9E9,9E9,9E9,9E9,9E9,9E9]];
    CONST robtarget q1:=[[0,0,0],[1,0,0,0],[0,0,0,0],[9E9,9E9,9E9,9E9,9E9,9E9]];
    CONST robtarget f1:=[[0,0,0],[1,0,0,0],[0,0,0,0],[9E9,9E9,9E9,9E9,9E9,9E9]];
    VAR num i:=0;
    PROC main()
    MoveJ home,v150,fine,tool0\WObj:=wobj0;    ! home 为起始点
    FOR i FROM 0 TO 3 DO    ! i的值从 0 累加计数到 3,循环 4 次,取放 4 个物料
    MoveL offs(q1,0,50*i,60),v150,fine,tool0\WObj:=wobj0;
    MoveL offs(q1,0,50*i,20),v100,fine,tool0\WObj:=wobj0;
    MoveL offs(q1,0,50*i,0),v30,fine,tool0\WObj:=wobj0;    ! 慢速下落
    set do_04_common_fixture;    ! 夹取物料
    WaitTime 0.5;    ! 等待 0.5s,以夹稳物料
    MoveL offs(q1,0,50*i,20),v30,fine,tool0\WObj:=wobj0;    ! 慢速抬起
    MoveL offs(q1,0,50*i,60),v150,fine,tool0\WObj:=wobj0;    ! 快速抬起一定高度
    IF i<2 THEN
    MoveL offs(f1,0,(i mod 2)*42,30),v150,fine,tool0\WObj:=wobj0;    ! 移动到第一层放料点上方
    MoveL offs(f1,0,(i mod 2)*42,0),v30,fine,tool0\WObj:=wobj0;    ! 慢速下落到第一层放料点
    reset do_04_common_fixture;    ! 释放夹爪
    WaitTime 0.5;    ! 等待 0.5s,以放稳物料
    MoveL offs(f1,0,(i mod 2)*42,30),v150,fine,tool0\WObj:=wobj0;    ! 移动到第一层放料点上方
    ELSE
    MoveL offs(f1,0,(i mod 2)*42,50),v150,fine,tool0\WObj:=wobj0;    ! 移动到第二层放料点上方
    MoveL offs(f1,0,(i mod 2)*42,20),v30,fine,tool0\WObj:=wobj0;    ! 慢速下落到第二层放料点
```

```
    reset do_04_common_fixture;
    WaitTime 0.5;
    MoveL offs(f1,0,(i mod 2)*42,50),v150,fine,tool0\WObj:=wobj0;  ！移动到第二层放料点上方
    ENDIF
    ENDFOR
     MoveJ home,v150,fine,tool0\WObj:=wobj0；  ！运动到起始点
    ENDPROC
ENDMODULE
```

三、应用编辑

在"RAPID"菜单中，单击"应用"按钮，将所编辑的代码保存在控制器中。编写代码过程中，为了随时保存程序，也要时常地单击"应用"按钮。所有代码语法格式都正确，所用的程序数据名称都已声明的情况下，单击"应用"按钮才能将程序保存到虚拟工作站中。

思考与练习

1. 在放置点位计算中，如果不使用 $i<2$ 条件进行判断，而是通过计数变量 i 来计算层数，从而改变第二层 Z 轴的距离，试编写修改后的 RAPID 程序。

2. 物料码垛后的摆放形式如图 4-7 所示，第一层左、右物料空隙距离为 2mm，试编写 RAPID 程序。

任务三　示教点及码垛功能的运行调试

任务描述

将所编制的程序导入机器人系统，并对点位进行示教，设置机器人运行模式，对编写好的机器人程序进行调试，实现码垛要求的功能。

知识引导

一、可编程按键

在示教器右上角有 4 个按键，如图 4-20 所示，这 4 个按键可以对机器人的外围设备发出控制信号。为了编程示教方便，可以设置按键对应的 I/O 信号。设置方法如下：

1）在手动操纵模式下，单击示教器触摸屏左上角的"菜单"按钮，然后在菜单中选择"控制面板"，打开如图 4-20 所示的控制面板界面。

2）在"控制面板"中选择"ProgKeys 配置可编程按键"，为按键◉按如图 4-21 所示进行设置，选择数字输出"do_ 04_ common_ fixture"，然后单击"确定"。关闭示教器中的

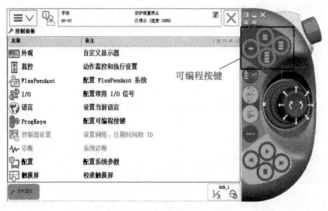

图 4-20 "控制面板"界面

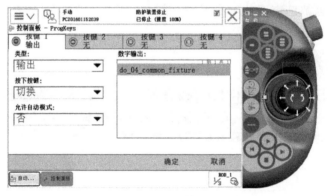

图 4-21 设置按键 1

"控制面板"界面。

二、点位示教方法

1. 在"程序编辑器"中示教点位

在示教器中进入"程序编辑器"后，打开需要示教点位的"例行程序"，在程序界面中选中要示教的点位名称，然后在界面中单击"修改位置"选项，如图 4-22 所示。

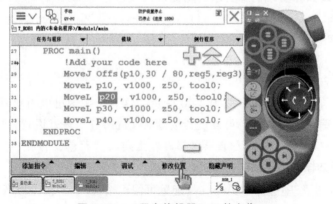

图 4-22 "程序编辑器"示教点位

2. 在"程序数据"界面中示教点位

在示教器菜单中单击"程序数据"，在"程序数据"界面中双击"Robtarget"选项，然后在界面中选择示教点位名称，在下方单击"编辑"按钮，从菜单中选择"修改位置"，如图 4-23 所示。

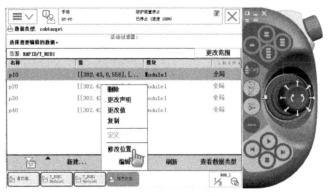

图 4-23 修改目标点位置

三、机器人运行模式

在 ABB 机器人中，程序运行模式有两种：一种是单周运动，另一种是连续运动。

（1）单周运动 单周运动指所运行的程序从代码的起始位置运行到结束位置后，机器人将停止运行程序。

（2）连续运动 连续运动指所运行的机器人代码将从起始位置到结束位置不断重复运行，无停止命令触发，程序会持续运行。在实际应用中，测试程序时可以选择单周运动，自动运行时则必须选择连续运动，以保证机器人不断重复地进行工作。

实践操作

一、将程序下载到实际机器人工作站

如果是在线编辑，编写好程序并单击"RAPID"菜单中的"应用"按钮，就可以将程序保存在工作站的控制器系统中了。

如果是离线编程，则需要将程序从计算机中导入工作站控制器，前提是机器人与计算机通过网络连接。

1）在 RobotStudio 软件中，在"控制器"列表下双击关系名称后，打开"关系"界面，如图 4-24 所示。

2）查看"传送"中的"源"是否是虚拟的工作站，"目标点"是否是实际的工作站。如果不是，则单击"更改方向"按钮。

3）在需要做更新的程序数据、程序模块或例行程序"名称"后的"包含"列内复选框中单击进行勾选。"操作"列会显示更新的情况，若没有更新，则显示"无操作"。本任务是在工作站基础上增加新的程序，没有排除的项目名称，因此不需要做勾选设置，使用默认的选项即可，在传送时会将虚拟工作站中编写的程序及程序数据传送给真实的工作站。

图 4-24　选择关系

4）单击"控制器"菜单，再单击"请求写权限"，会出现如图 4-25 所示的界面。在工作站的机器人"示教器"中单击"同意"按钮，界面自动关闭。这时会将虚拟工作站中的内容传送给真实工作站，并在右下部的"输出"界面显示操作状态。当完成传送后，单击"收回写权限"，这时会在"服务端口"的工作站节点的"RAPID"节点下出现更新后的程序，表明离线程序导入真实工作站完成。

图 4-25　等待远程操作示教器授权界面

二、点位示教

点位示教是在实际工作站中，通过示教器控制机器人运动到指定位置，然后将该位置保存在对应的点位变量中。如果没有实际工作站，可以在 RobotStudio 的"控制器"中打开"虚拟示教器"进行点位示教。具体操作如下：

1）示教 home 点。选择一个合适的位置作为起始点，即 home 点。在手动模式下，通过示教器将机器人的夹爪垂直向下，运动到合适的位置后，在程序编辑器中选中 home 这个点的名字，然后在下部选择"修改位置"选项，如图 4-26 所示，完成 home 点的示教。

2）示教 q1 取料点。在手动模式下，将机器人的运动模式切换为线性模式，通过 X、Y、Z 轴三个方向的运动，将夹爪运动到最左侧物料块的取料位置，如图 4-27 所示。使用可编程按键 ⊖（按键一）控制夹爪的开合，确保能够夹住物料并且在夹取物料时物料不会出现晃动，保证物料能够被顺利夹住，这个点位将为 q1 对应的点位。

在程序中，q1 这个点位放在 offs 功能函数中，所以无法在"程序编辑器"界面中直接修改位置。需要在"程序数据"中示教点位，在示教器菜单中选择"程序数据"，在界面中双击"Robtarget"选项，然后在界面中选择示教点的名称"q1"，在下方单击"编辑"，从菜单中选择"修改位置"，完成 q1 点的示教。

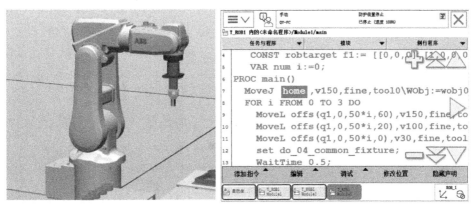

图 4-26 示教 home 点

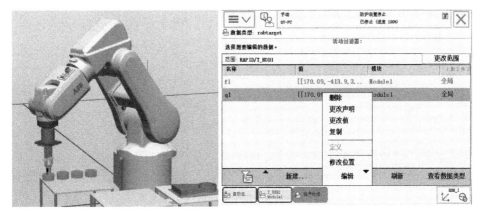

图 4-27 示教 q1 取料点

3）示教 f1 放料点。在手动模式下，将机器人的运动模式切换为线性模式（这个模式下比较容易调试位置），通过 X、Y、Z 轴三个方向的运动，将夹爪运动到物料块摆放的最左侧位置。这个位置不必使物料底部紧贴在摆放台上，可以有一定距离（大概 1~3mm），当夹爪松开物料后，物料可以自已下落到位。当到达位置后，继续在示教 q1 点的界面中选择示教点的名称"f1"，然后在下方单击"编辑"，从菜单中选择"修改位置"，完成 f1 点的示教，如图 4-28 所示。

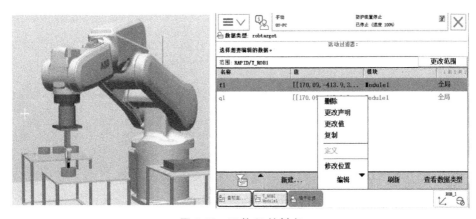

图 4-28 示教 f1 放料点

三、运行及调试

在手动模式下，进入"程序编辑器"，在下部选择"调试"，从列表中选择"PP 移至 Main"，然后单步运行程序，测试程序的整体运行情况，看是否有碰撞情况发生。若有碰撞情况发生，则适当调整程序点位的计算，必要时可加入中间点位解决。

因为只操作 4 个物料的码垛，程序执行一次就可以结束了，所以将机器人的运行模式切换为"单周"，如图 4-29 所示。

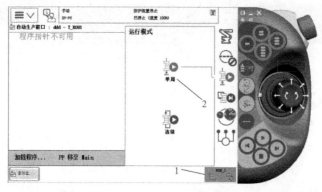

图 4-29 单周运行模式

测试完成后，将物料摆放在取料位置，将机器人切换为"自动模式"（通过控制柜钥匙旋钮旋转到自动模式下），单击示教器"运行"按钮，实现机器人自动运行，完成 4 个物料码垛摆放操作。

思考与练习

1. 在放置点位计算中，如果不使用 $i<2$ 判断，而是通过计数变量 i 来计算层数，从而改变第二层 Z 轴的距离，在完成修改 RAPID 程序后，进行点位示教并运行完成码垛摆放。

2. 物料码垛后的摆放形式如图 4-7 所示，第一层左、右物料的空隙距离为 2mm，编写 RAPID 程序后，进行点位示教并完成码垛摆放。

项目五 机器人仿真工作站的建立

CHAPTER 5

学习目标

一、知识目标

1）熟知机械装置各类型的作用。

2）熟记 Smart 组件中的主要组成及功能。

二、技能目标

1）能按照动作要求创建动态工具。

2）会用 Smart 组件建立带 I/O 信号的模拟动作。

三、素养目标

1）养成严谨的逻辑思维。

2）形成良好的软件使用习惯。

工作任务

为了避免在设备现场进行编程的麻烦，以实现快捷的编程和调试，可以使用 RobotStudio 软件建立仿真搬运工作站，进行离线编程。仿真工作站要求能够根据机器人输出的 IO 信号控制夹爪工具的开合，夹爪工具通过开合实现物块的夹取和释放功能；建立传送带装置，并实现传送带传送物块的功

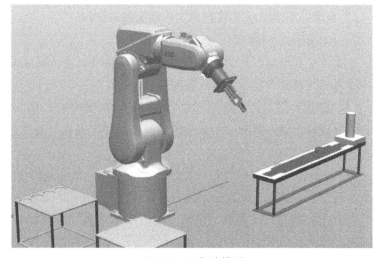

图 5-1　工作站模型

能。当物块到达指定位置后，给机器人传递到达信号；当物块被取走后，传送带将继续传送新的物块。建立的工作站模型如图 5-1 所示。

任务一 工具机械装置的建立

任务描述

在仿真软件中，建立机器人末端工具，使其能够根据输入信号实现夹爪工具的开合动作，并在实现动作的同时完成物块的夹取和释放功能的设置。本任务的机械装置为机器人末端工具，主要由基座、左夹爪、右夹爪三部分组成，如图 5-2 所示。

知识引导

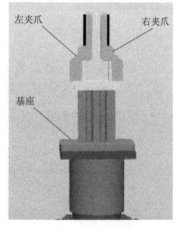

图 5-2 夹爪工具

一、机械装置

机械装置是多个部件组装在一起能够进行相对运动的装置。在 RobotStudio 软件中，为使工具能够按要求运动，并显示动作效果，需要建立机械装置。

1. 机械装置的类型

1）机器人：机械装置作为机器人本体，进行运动设置。

2）工具：机械装置作为工具来使用。

3）外轴：机械装置绕着某一轴转动的一种类型。

4）设备：创建的机械装置作为外围设备来使用。

2. 本任务的机械装置

本任务中的机械装置的运动形式为夹爪的开合，左、右夹爪分别为往复直线运动。

建立机械装置设定的主要内容如下：

（1）链接　需要将夹爪的三大组成部分连接到一起，因此创建机械装置时需要设置链接。在设置链接时，要有一个基准链接，其他部件以此为基准进行运动。此机械装置应当以基座为基准。

（2）接点　设置各个部件的位置和运动方式。此机械装置运动部件为左夹爪和右夹爪，分别实现左、右移动，完成夹爪的开合动作。

（3）工具数据　工具数据中需要设定的是工具坐标系的位置、方向、质量和重心，此机械装置以夹爪的顶端中心为工具坐标原点，坐标轴方向为默认值。在模拟环境下，质量和重心可以大概指定。因为此工具是对称的，所以重心应在对称轴所在的 Z 轴上。

二、Smart 组件

Smart 组件用来实现信号控制的各种动作功能，包含很多基础组件。Smart 基础组件表示一整套的基本构成块组件，它们可以被用来组合完成复杂动作的用户自定义 Smart 组件。Smart 组件在 RobotStudio 的建模工具中主要包括如下组件类别。

1. 信号和属性

信号和属性组件的主要功能是对信号进行计算和转换，如信号的取反、增加减少属性值等。在添加响应信号组件后，系统会打开"属性"界面。

这里使用的组件是 LogicGate，该组件用来进行数字信号的逻辑运算。该组件的 Output（输出）信号由 InputA 和 InputB 两个信号的 Operator（运算符）中指定的逻辑运算设置，运算符包括 AND、OR、XOR、NOT、NOP 逻辑运算。常用的 NOT 运算表示对信号取反。

2. 传感器

传感器用来检测对象状态的使用情况。在添加传感器组件后，系统会在软件的左侧打开"属性"界面。

本任务所用到的传感器是 LineSensor 组件。LineSensor（线传感器）组件用于检测是否有对象与两点之间的线段相交。在"属性"设置中，根据 Start（起始位置点）、End（结束位置点）和 Radius（线段的半径）定义一条线段。当 Active 信号为"1"时，传感器将检测与该线段相交的对象。相交的对象显示在 SensedPart 属性中，距线传感器起点最近的相交点将显示在 SensedPoint 属性中。出现相交时，系统会将 SensorOut 输出信号设置为"1"，表示检测到物体。如果 SensorOut 信号为"0"，表示未检测到物体。

3. 动作

动作组件是用来实现动作效果的，如物料的拾取和放下。在添加动作组件后，会在左侧打开"属性"界面。本任务所用的动作组件如下。

（1）Attacher 该组件实现安装一个对象。设置 Execute 信号时，Attacher 将 Child（子对象）安装到 Parent（父对象）上。如果 Parent 为机械装置，还必须指定要安装的 Flange（边界）。设置 Execute 输入信号时，子对象将安装到父对象上。如果选中 Mount，还会使用指定的 Offset 和 Orientation，将子对象装配到父对象上。安装动作完成时，将 Execute 输出信号设置为"1"。

（2）Detacher 该组件用于拆除一个对象。设置 Execute 信号时，Detacher 会将 Child 从其所安装的父对象上拆除。如果选中了 Keep position，位置将保持不变。否则相对于其父对象放置子对象的位置。拆除动作完成时，将 Execute 信号设置为"1"。

实践操作

一、建立机械装置

打开素材中项目四文件夹中的"项目 4-1"文件，进行解压后，进入 RobotStudio 界面，在 RobotStudio 中选择"建模"菜单。然后在工具栏中单击"创建机械装置"工具，如图 5-3

所示。创建本任务中工具机械装置的步骤如下（提示：操作时可以使不想看到的部件隐藏，在"布局"列表中，鼠标右击需要隐藏的部件，从快捷菜单中单击取消"可见"前面的"√"）。

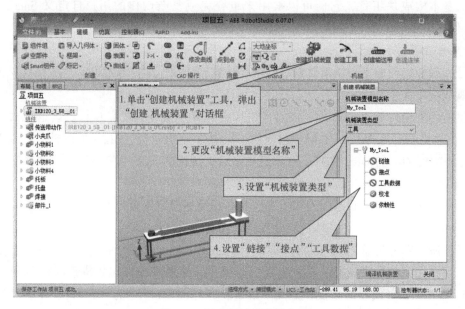

图 5-3　创建机械装置的步骤

1. 设定名称和类型

输入机械装置模型的名称为"My_Tool"，选择机械装置类型为"工具"。

2. 设置链接

在设置链接时，需要设置三个部件之间的链接。此工具装置中间基座为固定的结构，左、右分别包含左夹爪和右夹爪，左、右夹爪以中间固定结构为基准进行左、右运动，实现夹爪开合的动作。因此链接中要以中间固定结构为基准链接。

双击"My_Tool"节点下的"链接"，打开。"创建 链接"界面，如图5-4所示。按如下步骤进行设置：

（1）基准链接　在"创建 链接"界面中，输入链接名称"L1"，所选组件为工具的中间基座，名称

图 5-4　"创建 链接"界面

为"夹爪基座"，然后单击中间的"右三角"按钮，将其添加在"已添加的主页"框中。勾选"设置为 BaseLink"前的复选框，实现设置为基准链接。然后单击"应用"按钮，此部件即被添加到机械装置的"链接"节点下。此时，"创建 链接"界面并没有被关闭，仍是打开状态，可以继续进行后面的设置。如果单击"确定"按钮，则"创建 链接"界面被关闭。若想再打开"创建 链接"界面进行设置，可在图5-3"创建机械装置"界面中双击"链接"节点即可。

（2）左夹爪的链接 在"创建 链接"界面中输入链接名称"Lz"，所选组件为工具的左夹爪，名称为"左夹爪"，然后单击中间的"右三角"按钮，将其添加在组件框中。取消勾选"设置为 BaseLink"前的复选框，然后单击"应用"按钮。

（3）右夹爪的链接 在"创建 链接"界面中输入链接名称"Ly"，所选组件为工具的右夹爪，名称为"右夹爪"，然后单击中间的"右三角"按钮，将其添加在组件框中。取消勾选"设置为 BaseLink"前的复选框，然后单击"确定"按钮，此时"创建 链接"界面关闭。在"链接"节点下会出现三个接点，分别是 L1、Lz 和 Ly，如图 5-5 所示。

3. 设置接点

在主界面右侧的"创建机械装置"界面中，双击"接点"节点，打开"创建 接点"界面，如图 5-6 所示。

图 5-5 创建机械装置
中链接节点

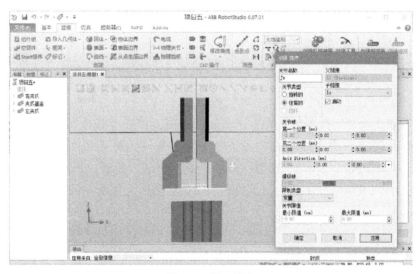

图 5-6 设置接点

（1）设定左关节 输入"关节名称""Jz"，选择"关节类型"为"往复的"，选择"父链接"为"L1"，选择"子链接"为"Lz"。

设定关节轴的第一个位置为打开状态下的位置，X 轴位置为"-3.00"，其他均为"0"；设定第二个位置为向右移动后的合并位置，均为"0"。再设定"关节限值"的"最小限值"为"-3.00"，"最大限值"为"0"。拖动操纵轴可以看到左夹爪移动的效果，然后单击"应用"按钮。

（2）设定右关节 输入"关节名称""Jy"，选择"关节类型"为"往复的"，选择"父链接"为"L1"，选择"子链接"为"Ly"。

设定关节轴的第一个位置为合并状态下的位置，均设置为"0"；设定第二个位置为向右移动后，夹爪张开的位置，X 轴位置为"3.00"其他均为"0"。再设定"关节限值"，设定"最小限值"为"0"，"最大限值"为"3.00"，然后单击"确定"按钮。

4. 设置工具数据

双击"工具数据"节点，将打开"创建 工具数据"界面，如图 5-7 所示。"属于链接"选择"L1（BaseLink）"，工具以基座为中心。目前工具基座底部中心所在位置为 0 点位置，以此位置与机器人的法兰盘链接，工具坐标原点应为夹爪尖部中心点，因此需要将 Z 轴位置改为"160.00"（基座底部到夹爪尖部的距离为 160mm）。工具质量可按实际工具质量设置，这里质量为 1.00kg，重心 Z 轴为"50.00"。然后单击"确定"按钮。

5. 编辑机械装置

在"创建 机械装置"界面中单击"编译机械装置"，这时机械装置创建成功，然后在 RobotStudio 界面中左侧也出现"My_Tool"节点，右击该节点，选择"修改机械装置"，这时将打开"修改 机械装置"界面中。为了能够实现工具机械装置运动动作，需要设置姿态。

图 5-7 设置工具数据

（1）设置同步位置　将同步位置设置为夹爪打开的位置。双击"同步位置"，打开"修改 姿态"界面，如图 5-8 所示，调整"关节值"为"-3.00"和"3.00"，并观看视图，使两个夹爪处于打开位置，然后单击"确定"按钮。

（2）设置原点位置　在姿态下单击"添加"按钮，打开"修改 姿态"界面，如图 5-8 所示。在"修改 姿态"界面中勾选"原点姿态"复选框，调整"关节值"均为"0.00"，并观看视图，使两个夹爪处在闭合位置，然后单击"确定"按钮。

关闭"创建 机械装置"界面，至此机械装置创建完毕，如图 5-9 所示。

图 5-8 "修改 姿态"界面

图 5-9 创建"机械装置"界面

二、设定 Smart 动作

为了使工具能够根据通信信号实现夹爪的开合动作，需要设定 Smart 动作。具体过程如下。

1. 创建 Smart 组件

在建模工具栏中选择"Smart 组件"，在"布局"列表中右击新建立的 Smart 组件名称，在快捷菜单中选择"重命名"，输入名称为"小夹爪"。在 RobotStudio 左侧"布局"列表中拖拽"My_Tool"到"小夹爪"节点下。

（1）添加传感器 当给出夹取信号时，夹爪识别到物块后，应当能夹取物块。因此需要通过传感器来识别是否有物块，可使用 LineSensor 传感器识别物块。

在小夹爪组件界面中单击"添加组件"，从菜单中选择"传感器"，然后在子菜单中选择"LineSensor"。左侧将出现"属性"列表。将此传感器设置为上下垂直的较粗的直线区域，在"属性"列表进行如图 5-10 所示的设置。

1）设定起始位置。在"属性"列表中单击"Start"下的文本框的值，然后修改坐标值：X 轴为"0"，Y 轴为"0"，Z 轴为"150.00"。

2）设定结束位置。在"属性"列表中单击"End"下文本框的值，然后修改坐标值：X 轴为"0"，Y 轴为"0"，Z 轴为"160.00"。

3）设定半径。在"属性"列表"Radius"下的文本框中输入"12.00"。

图 5-10 "属性"列表

4）激活传感器并应用。在"属性"列表中单击"Active"，使其后面的值为"1"，然后单击"应用"按钮，完成传感器的设置。此时在夹爪工具上方出现图 5-11 所示的半透明黄色圆柱区域，即为传感器区域。

5）设置不可由传感器检测。在左侧"布局"列表中，右键单击"My_ Tool"节点，选择"修改"，在子菜单中把"可由传感器检测"前的"√"去掉，使其不能被传感器检测到。

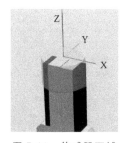

（2）添加动作 在右侧界面中单击"添加组件"，从菜单中选择"动作"，然后在子菜单中选择"Attacher"。在属性中设置"parent"列表的值，选择"小夹爪/My_Tool"。

然后在右侧界面中单击"添加组件"，从菜单中选择"动作"，然后在子菜单中选择"Detacher"，此组件的属性不需要进行设置。

图 5-11 传感器区域

（3）添加信号属性 在右侧界面中单击"添加组件"，从菜单中选择"信号和属性"，在子菜单中选择"LogicGate"，在"属性"列表中设定"Operator"为"NOT"，单击"关闭"按钮。

（4）添加 PoseMover 组件 在右侧界面中单击"添加组件"，从菜单中选择"本体"，在子菜单中选择"PoseMover"，弹出如图 5-12 所示列表，设置属性 Mechanism 为"小夹爪/My_Tool"，Pose 值为"SyncPose"，表示同步位置。设置完毕后单击"应用"按钮。

再在右侧界面中单击"添加组件"，从菜单中选择"本体"，在子菜单中选择"Pose-Mover"，然后在弹出的属性界面中，设置属性 Mechanism 为"小夹爪/My_Tool"，Pose 值为"HomePose"，表示原点位置。设置完毕后单击"应用"按钮，然后关闭"属性"列表。

2. 设定属性连接

在夹爪的 Smart 界面中，选择"属性与连接"选项卡，如图 5-13 所示。

图 5-12 PoseMover 属性列表

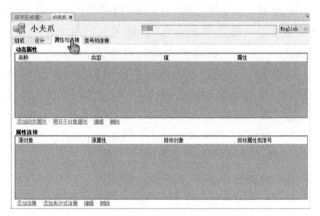

图 5-13 添加属性连接

1）选择"属性连接"下的"添加连接"选项。在弹出的"添加连接"界面中按如图 5-14 所示进行设置。其中，"源对象"选择"LineSensor"；"源属性"选择"SensedPart"，表示被感知的对象；"目标对象"选择"Attacher"；"目标属性或信号"选择"Child"，表示拾取的子对象。作用是将传感器识别对象与拾取的对象进行连接，说明传感器识别的对象和释放的对象是同一个。

2）在弹出的"添加连接"界面中，设置内容如图 5-15 所示。其中"源对象"选择"Attacher"；"源属性"选择"Child"，表示拾取的子对象；"目标对象"选择"Detacher"；"目标属性或信号"选择"Child"，表示释放的子对象。"添加连接"的作用是将拾取的对象与释放的对象进行连接，说明拾取的对象和释放的对象是同一个。

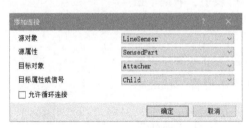

图 5-14 添加传感器和拾取连接

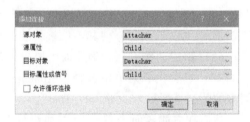

图 5-15 添加拾取和释放连接

3. 设定信号连接

在夹爪的 Smart 界面中，选择"信号和连接"选项卡，界面如图 5-16 所示。设置步骤分为如下两步：

（1）设置 I/O 信号　选择"添加 I/O Signals"，弹出如图 5-17 所示的界面，按图 5-17 所示内容进行设置，然后单击"确定"按钮，添加了一个数字型的输入信号"Din"，用来接收传递给工具的信号，控制夹爪的开合。

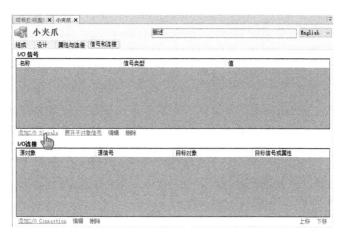

图 5-16 "信号"和"连接"选项卡

（2）添加 I/O Connection 单击"添加 I/O Connection"，添加第一个 I/O 连接设置，按图 5-18 所示进行设置，设置完后单击"确定"按钮。以此实现当小夹爪有信号输入（即给小夹爪送入信号 1）时，使同步位置的组件对象被执行，夹爪张开。目标对象选择"PoseMover［SyncPose］"，表示设定为同步位置的组件。目标信号或属性选择"Execute"，表示执行。

图 5-17 "添加 I/O Signals"界面

单击"添加 I/O Connection"，添加第二个 I/O 连接设置，按图 5-19 所示设置 I/O 连接。实现当给小夹爪信号后，传感器被激活。

图 5-18 小夹爪与同步位置连接设置

图 5-19 小夹爪与传感器连接设置

单击"添加 I/O Connection"，添加第三个 I/O 连接设置，按图 5-20 所示设置 I/O 连接。实现当传感器识别到物体后，拾取该物体。

单击"添加 I/O Connection"，添加第四个 I/O 连接设置，按图 5-21 所示设置 I/O 连接。

图 5-20 传感器与拾取动作连接设置

图 5-21 夹爪输入信号取反

实现给小夹爪输入信号为 0 时，进行信号反向。因为 I/O 连接只识别信号 1，然后使目标对象执行动作，所以才可如此进行设置。

单击"添加 I/O Connection"，添加第五个 I/O 连接设置，按图 5-22 所示设置 I/O 连接。反向信号输出为 1 时，夹爪回到原点位置，即 HomePose 的位置。实现当夹爪输入信号为 0 时，夹爪闭合。

单击"添加 I/O Connection"，添加第六个 I/O 连接设置，按图 5-23 所示设置 I/O 连接。反向信号输出为 1 时，夹爪放开物体。实现当夹爪输入信号为 0 时，夹爪释放所拾取的物体。

图 5-22　反向信号与原点位置连接

图 5-23　信号取反与释放动作连接

三、验证效果

关闭"组件设计"界面，打开视图界面，单击"仿真"菜单项，在工具栏中选择"I/O 仿真器"，在视图右侧出现信号界面，如图 5-24 所示。

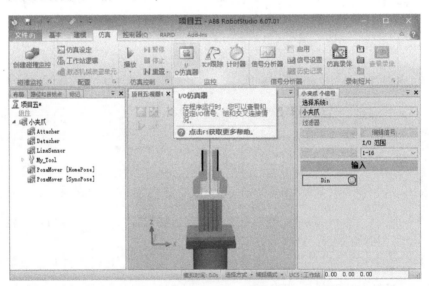

图 5-24　I/O 仿真

选择系统为"小夹爪"，然后单击 Din 控制输入信号为 1 或者 0，观察夹爪变化。当 Din 信号为 1 时，夹爪为打开状态；当 Din 信号为 0 时，夹爪为关闭状态。

四、将夹爪附加到机器人上

在"布局"列表中拖拽"小夹爪"节点到机器人节点，系统将弹出"位置更新"界面，在其中选择"是"按钮，则夹爪将被安装到机器人末端法兰盘上。

思考与练习

1. 简述如何验证夹爪拾取物料是否成功。

2. 在素材中找到"项目五"文件夹中的"练习5_1_2. rspag"并解压，实现吸盘工具吸取物料的功能。

3. 在素材中找到"项目五"文件夹中的"练习5_1_3. rspag"并解压，创建大夹具机械装置，并检验结果。

任务二 传送带功能的建立

任务描述

要想实现工作站中搬运的功能，需要使用传送带传送物料到机器人附近，因此在仿真软件中需要进行传送带功能的模拟，不断地将物料传送出去。本任务要求在 RobotStudio 中模拟传送带传送物料的动作，物料到位后传送带停止传送物料，并将物料到位信号传送给机器人，当物料被机器人拿走后传送带能够继续传送物料。

知识引导

Smart 基本组件有传感器组件、动作组件、其他组件和本体组件。

1. 传感器组件

本任务所用到的传感器是 PlaneSensor（平面传感器）组件。PlaneSensor 在属性设置中通过原点（可认为是直角坐标系的原点）、轴1（平面上的一点，其值为与原点的各坐标轴的距离）和轴2（平面上的另一个点，其值为与原点的各坐标轴的距离）定义平面，该平面为平行四边形，如图5-25所示。设置 Active（激活）输入信号时，传感器会检测与平面相交的对象。相交的对象将显示在 SensedPart（被感应到的组件）属性中。出现相交时，SensorOut（传感器输出）输出信号为"1"，表示检测到物体。

2. 动作组件

本任务所使用的动作组件是 Source（源）组件，用于创建图形组件的拷贝。Source 组件的 Source 属性表示在收到 Execute（执行）输入信号时应复制的对象。所复制对象的父对象由 Parent（父对象）属性定义，如果未指定，则将

图 5-25 PlaneSensor 传感器平面

复制与源对象相同的父对象。而 Copy 属性则指定对所复制对象的参考。输出信号 Executed 为"1"表示复制已完成。Transient（短暂的）属性设置为"√"时，如果在仿真时创建了拷贝，将其标识为"瞬时的"。这种拷贝在仿真停止时会自动被删除，避免在仿真过程中过分消耗内存。

3. 其他组件

本任务使用了一个其他组件，就是 Queue（队列），表示为对象的队列，可作为组进行操作。因为物料是排成排前进的，所以对物料的处理可以使用队列，即 FIFO（First In First Out，先进先出）队列。当信号 Enqueue（进入队列）被设置时，在 Back（后端）中的对象将被添加到队列中，而队列前端对象则将显示在 Front 中。当设置 Dequeue（退出队列）信号时，Front（前端）对象将从队列中移除。如果队列中有多个对象，下一个对象将显示在前端。当设置 Clear（清除）信号时，队列中所有对象将被删除。

4. 本体组件

本任务使用的本体组件为 LinearMover（直线移动），实现的功能是使对象在一条直线上移动。LinearMover 会按 Speed（速度）属性指定的速度沿 Direction（方向）属性中指定的方向，移动 Object（对象）属性中参考的对象。设置 Execute 信号时，开始移动；重设 Execute 时，停止移动。

实践操作

一、创建 Smart 组件

在建模工具栏中选择"Smart 组件"，在 RobotStudio"布局"列表中右击新建立的 Smart 组件名称，在快捷菜单中选择"重命名"，输入名称为"传送带动作"，在"布局"列表中拖拽"小物料"和"传送带"到"传送带动作"节点下。

1. 设置传感器

在传送带动作组件界面中单击"添加组件"，从菜单中选择"传感器"，然后在子菜单中选择"PlaneSensor"。左侧将出现"属性"列表。

（1）设置 Origin 属性 如图 5-26 所示，首先在主视图中单击"末端捕捉"工具，开启末端捕捉，然后单击属性中的"Origin"下 X 坐标文本框，出现闪烁的光标后单击传送带左下角点，坐标出现在"Origin"下的文本框中。

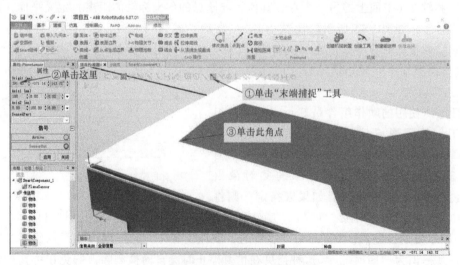

图 5-26　设置 Origin 属性

（2）设置 Axis 属性 在"Axis1"下的文本框中依次输入"0.00""45.00""0.00"，表示该点为 Origin 在 Y 轴方向上平移 45mm 后的点；在"Axis2"下的文本框中依次输入"0.00""0.00""30.00"，表示该点为 Origin 在 Z 轴方向上平移 30mm 的点。然后单击"Active"按钮，使其激活，即右侧显示为黄色的①图标，如图 5-27 所示。然后单击"应用"按钮，将会在传送带左侧显示出半透明黄色的传感器矩形区域，如图 5-28 所示。

图 5-27 设置 Axis 属性

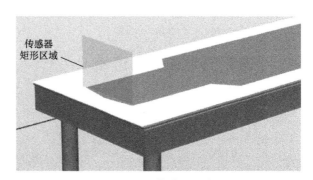

图 5-28 传感器区域

（3）设置不可由传感器检测 在左侧"布局"列表中，右击"传送带"节点，选择"修改"，在子菜单中单击"可由传感器检测"前的"√"，使其不能被传感器检测到。

2. 设置动作组件

在"传送带动作"界面中单击"添加组件"，从菜单中选择"动作"，然后在子菜单中选择"Source"。在"属性"列表中进行设置，如图 5-29 所示，最后单击"应用"按钮。

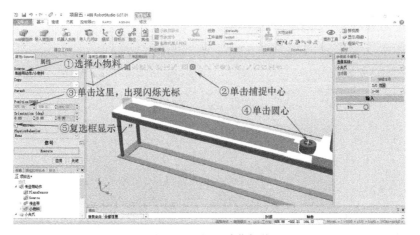

图 5-29 设置动作组件

3. 设置信号与属性组件

在右侧界面中单击"添加组件"，从菜单中选择"信号和属性"，在子菜单中选择"LogicGate"，在"属性"列表中设定"Operator"为 NOT，单击"关闭"按钮。

4. 设置本体组件

在"传送带动作"界面中单击"添加组件"，从菜单中选择"本体"，然后在子菜单中选择"LinearMover"。在图 5-30 所示的"属性"列表中，设置"Object"为"传送带动作/Queue"，设置"Direction"的三个值分别为 -1000.00，0.00，0.00，表示方向为 X 轴负方向，距离为 1000mm。设置"Speed"为 30.00，单击"Execute"按钮，然后单击"应用"按钮。

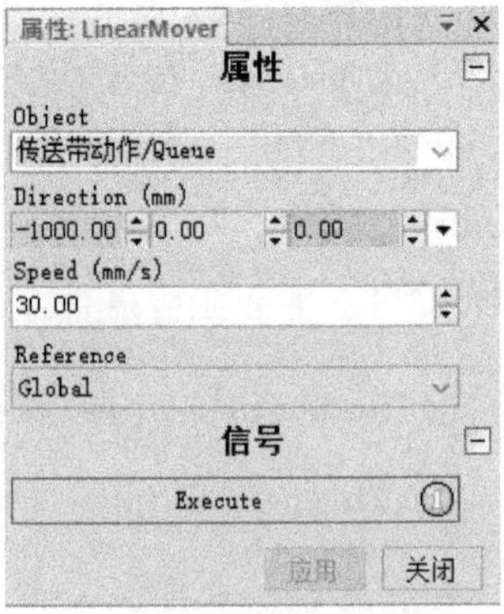

5. 设置其他组件

在"传送带动作"界面中单击"添加组件"，从菜单中选择"其他"，然后在子菜单中选择"Queue"，不需要对属性进行设置，最后单击"应用"按钮。

图 5-30　设置本体组件

二、设定属性和信号连接

1. 设置属性连接

在"传送带动作"界面中，单击"属性与连接"标签，然后单击"添加连接"，将弹出"添加连接"界面，在界面中进行如图 5-31 所示的设置。其中"源对象"选择"Source"；"源属性"选择"Copy"，表示源对象的拷贝；"目标对象"选择"Queue"；"目标属性或信号"选择"Back"，表示队列的后面，作用是将源对象产生的副本放在队列的后面。

2. 添加 I/O Signals

选择"添加 I/O Signals"，按图 5-32 所示的内容进行设置，然后单击"确定"按钮，添加了数字型的输入信号 Din 和输出信号 Dout。Din 的设置与本项目任务一建立工具机械装置设定 I/O 信号处中介绍的方法相同，Dout 的设置如图 5-32 所示。

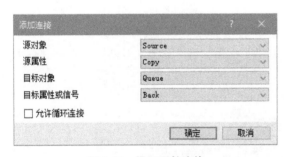

图 5-31　设置属性连接

图 5-32　添加输出信号

3. 添加 I/O Connection

1）设置传送带信号输入，开始小物料来源的复制，设置如图 5-33 所示。

2）设置来源执行后，开始队列的执行，将复制的小物料排列在队列后，设置如图 5-34 所示。

3）设置传感器识别到物料后，队列停止，如图 5-35 所示。

4）设置传感器识别到物料后，给外部输出识别到物料的信号，如图 5-36 所示。

5）设置当物料被拿走后，传感器没有识别到物料关联反向信号，如图 5-37 所示。

6）设置反向信号与来源执行相关联，实现当传感器没有识别到物料时，物料复制并重复进行排队前进，具体设置如图 5-38 所示。

图 5-33 输入信号与 Source 动作连接

图 5-34 Source 动作与队列执行连接

图 5-35 传感器与队列动作连接

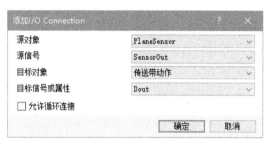

图 5-36 传感器与传送带输出信号连接

图 5-37 传感器输出信号取反

图 5-38 反向信号与 Source 动作连接

三、检验结果

单击"仿真"菜单，打开"仿真"工具栏，如图 5-39 所示。在"仿真"工具栏中，单

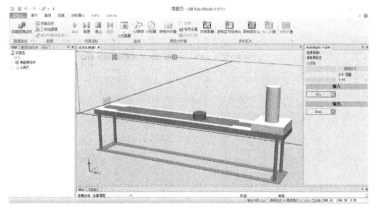

图 5-39 检验结果

击"仿真控制"中的"播放"按钮，单击"I/O仿真器"，在右侧的列表中"选择系统"下的列表中选择"传送带动作"，然后单击"输入"栏下的"Din"按钮，将其设定为1，此时传送带开始模拟传送物料，如图5-39所示，当物料走到传感器位置后将停下来。

若要结束仿真，需要先将Din设定为0，然后在"仿真"工具栏单击"仿真控制"中的"停止"按钮。

思考与练习

1. 当传送输入信号为0时，如何设置信号连接让传送带也停止运送物料？

2. 打开素材中"项目五"文件夹中的"练习5_2_2.rspag"文件并解压，制作传送带传送物料的功能，并检验结果。

任务三 工作站逻辑的设置

任务描述

在建立夹爪工具和设置传送带功能时，都设置了I/O信号，但是这个I/O信号还没有与机器人操作关联起来，无法实现与机器人的交互。为了使机器人能够发送和接收到I/O信号，需要进行I/O信号的关联，因此本任务要求实现机器人与夹爪工具以及传送带I/O信号的关联。其中，机器人控制夹爪开合的输出信号名称为"do_04_common_fixture"，机器人获得传送带物料到位输入信号的名称为"di_05_ssdjc"。

知识引导

一、机器人信号

根据类型不同，信号可分为数字信号、模拟信号和组信号，实现外围设备与机器人通信。机器人信号主要分为输入信号和输出信号两类。

1. 输入信号

机器人输入信号指外部输入给机器人的信号，即Input信号。本任务中使用的输入信号为数字型输入信号，能够给机器人传入数字1和数字0两种状态。通过此信号可以判断传送带终点是否有物料。数字输入信号的英文表示为Digital Input。

2. 输出信号

机器人输出信号指机器人输出给外部的信号，即Output信号。本任务中使用的输出信号为数字型输出信号，机器人能够输出数字1和数字0两种状态。通过此信号控制夹爪的开合。数字输出信号的英文表示为Digital Output。

二、工作站逻辑

在"仿真"菜单中有一个"工作站逻辑"选项。该选项用来设置整个工作站的属性关联和信号的关联。通过此关联可以实现机器人信号与夹爪信号的连接以及传送带信号与机器人信号的连接。

三、仿真设定

在"仿真"菜单中有一个"仿真设定"选项。该选项用于设置对哪个对象进行仿真、仿真的初始状态以及系统的运行模式。通过勾选复选框选择要仿真的对象。任务不仿真机器人的运动效果，因此取消勾选机器人系统。

实践操作

一、添加机器人系统并建立 I/O 信号

1. 添加机器人系统

在"基本"菜单中，单击"机器人系统"，从列表中选择"从布局"，在弹出的"从布局创建系统"列表中单击"下一个"按钮，进入"选择系统的机械装置"步骤。单击"下一个"按钮，进入"系统选项"界面，在"选项系统"界面中单击"选项"按钮。弹出"更改选项"界面，在"类别"中选择"Default Language"，在"选项"中取消勾选"English"，勾选"Chinese"。为了让机器人能够与外部通信，还需要添加网络设备，所以在"类别"中选择"Industrial Networks"，在选项中勾选"709-1 DeviceNet Master/Slave"，单击"确定"按钮后，回到"从布局创建系统"列表，单击"完成"按钮。

2. 建立机器人 I/O 信号

单击"控制器"菜单，在左侧"控制器"列表中展开"配置"节点，如图 5-40 所示。双击"I/O System"节点，在右侧打开配置 I/O 系统界面。

（1）建立 DeviceNet 设备　建立一个网络设备，通过此设备的 I/O 端口与外围设备通信，此设备命名为 D651。在配置 I/O 系统界面中，右击"DeviceNet Device"节点，选择"新建 DeviceNet Device"，在打开的界面中的"Name"文本框中输入"D651"，然后单击"确定"按钮。

（2）建立输入信号　在配置 I/O 系统界面中右击"Signal"节点，选择"新建 Signal"，打开"实例编辑器"界面，如图

图 5-40　"控制器"列表

5-41 所示。在"Name"文本框中输入"di_05_ssdjc"，该名字与实际的工作站设备 I/O 对应。在"Type of Signal"列表中选择"Digital Input"，在"Assigned to Device"列表中选择"D651"，在"Device Mapping"（表示设备地址）文本框中输入"1"，其他选项不进行设置，单击"确定"按钮。

用同样方法建立机器人启动的输入信号，命名为"di_02_start"，该名字与实际的工作站设备 I/O 对应。在 Device Mapping 文本框中输入"2"，此地址不能与其他已有信号的地址相同。

用同样方法再建立机器人停止的输入信号，命名为"di_04_stop"，该名字与实际的工作站设备 I/O 对应。在 Device Mapping 文本框中输入"4"，此地址不能与其他已有信号的地

图 5-41 "实例编辑器"界面

址相同。

（3）配置输出信号　在配置 I/O 系统界面中，右击"Signal"节点，选择"新建 Signal"，打开"实例编辑器"界面。在"Name"文本框中输入"do_04_common_fixture"，该名字与实际的工作站设备 I/O 对应。在"Type of Signal"列表中选择"Digital Output"，在"Assigned to Device"列表中选择"D651"，在"Device Mapping"文本框中输入"4"，其他选项不进行设置，单击"确定"按钮。

二、设定信号连接

进入"仿真"菜单，在工具栏中选择"工作站逻辑"，如图 5-42 所示。

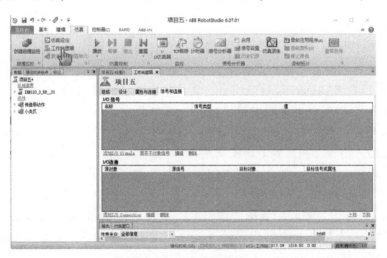

图 5-42 工作站逻辑设置

1. 设置工作站启动信号

单击"添加 I/O Signals"，按图 5-43 所示进行设置。选择"信号类型"为"DigitalOutput"，输入"信号名称"为"start"，单击"确定"按钮。此信号用来实现启动功能，模拟工作站中"启动按钮"的功能。

2. 设置工作站停止信号

单击"添加 I/O Signals"，按图 5-44 所示进行设置。选择"信号类型"为"DigitalOutput"，输入"信号名称"为"stop"，单击"确定"按钮。此信号用来实现停止功能，模拟工作站"停止按钮"的功能。

图 5-43 设置工作站启动信号

3. 设置与夹爪的连接

单击"信号和连接"选项卡左下角的"添加 I/O Connection"，按图 5-45 所示进行设置。实现机器人系统输出信号"do_04_common_fixture"与小夹爪输入信号"Din"的连接，进而实现机器人通过"do_04_common_fixture"信号来控制夹爪的开合。

图 5-44 设置工作站停止信号

图 5-45 设置控制器信号与夹爪信号的连接

4. 设置传送带信号与机器人信号的连接

单击"信号和连接"选项卡左下角的"添加 I/O Connection"，按图 5-46 所示进行设置。实现传送带输出信号"Dout"与机器人系统输入信号"di_05_ssdjc"连接，进而实现机器人通过"di_05_ssdjc"信号是否为 1 来判断物料是否到位。

5. 设置工作站启动信号与机器人信号的连接

单击"信号和连接"选项卡左下角的"添加 I/O Connection"，按图 5-47 所示进行设置。实现工作站启动输出信号"start"与机器人系统输入信号"di_02_start"的连接，进而实现机器人获得工作站传入的启动信号。

图 5-46 设置传送带信号与机器人系统输入信号的连接

图 5-47 启动信号与机器人信号的连接

6. 设置工作站启动信号与传送带启动信号的连接

单击"信号和连接"选项卡左下角的"添加 I/O Connection"，按图 5-48 所示内容进行设置。实现工作站启动输出信号 "start" 与传送带启动输入信号 "Din" 的连接，进而实现传送带获得工作站传入的启动信号。

7. 设置工作站停止信号与机器人信号的连接

单击 "信号和连接" 选项卡左下角的 "添加 I/O Connection"，按图 5-49 所示内容进行设置。实现工作站启动输出信号 "stop" 与机器人系统的输入信号 "di_04_stop" 的连接，进而实现机器人获得工作站传给机器人的停止信号。

图 5-48　启动信号与机器人信号的连接　　　　图 5-49　停止信号与机器人信号的连接

三、验证结果

1. 配置可编程按键

1) 在手动操纵模式下，在示教器界面中单击 "菜单" 按钮，然后选择 "控制面板"，在控制面板中选择 "ProgKeys 配置可编程按键"，如图 5-50 所示。

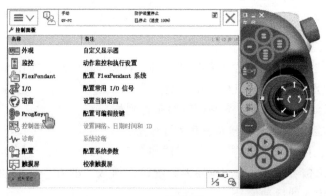

图 5-50　控制面板

2) 为按键 按图 5-51 所示进行设置，选择数字输出 "do_04_common _fixture"，然后单击 "确定"。

2. 保存当前状态

将当前各个机械装置（包括物料、台面和机器人等）设置为初始状态，当编程和调试过程中改变了位置时，可以进行位置的重置。

单击 "重置"，在下拉列表中选

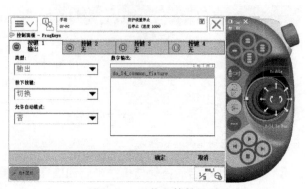

图 5-51　可编程按键设置

择"保存当前状态",打开图5-52所示界面,在"名称"文本框中输入为"初始状态",在"数据已保存"右侧列表中"包括"的复选框中勾选要保存的初始状态,这里勾选除System1(系统)之外的所有项,因为系统中是包含机器人程序的,这个程序后续是可以编程修改的。

需要重置状态时,单击"重置",从列表中选择要重置的状态名称。

图 5-52　重置状态设置

3. 仿真设定

单击"仿真"菜单,在工具栏中单击"仿真设定",在"仿真设定"界面(图5-53)中取消System1后的"√",不对机器人系统进行仿真。

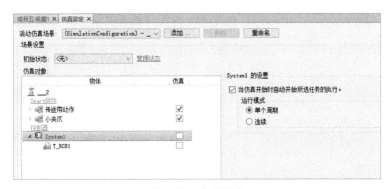

图 5-53　仿真设定

4. 仿真验证

在"仿真"工具栏中,单击"播放"按钮。

首先验证小夹爪的动作。在模拟示教器中,连续单击示教器右上角的可编程按键 ⊖,查看小夹爪是否有一开一合的变化,如果有开合变化,则表明设置成功。

接下来验证传送带信号。单击"I/O仿真器",在右侧的"选择系统"列表中选择"传送带动作"。单击右侧"Din"按钮，使其值为1，此时传送带开始运送物料。这时在"选择系统"列表中选择"System1"，在"设备"列表中选择"D651"，然后观察"di_05_ssdjc"的值，当物料到达传送带终点停下来时，"di_05_ssdjc"的值将变成1，如图5-54所示，表明设置成功。

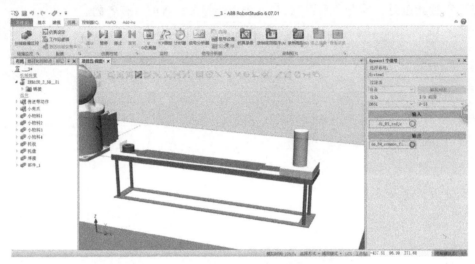

图5-54 模拟仿真

思考与练习

1. 不使用机器人示教器热键，如何检验机器人是否能够通过通信控制小夹爪的开合？

2. 打开素材"项目五"文件夹中的"练习5_3_1"并解压，在仿真软件RobotStudio中设置工作逻辑，实现机器人控制吸盘的吸放动作和传送带给机器人的信号、系统信号以及工作站逻辑信号。各信号名称自己命名，并检验效果。

项目六 搬运编程
CHAPTER 6

学习目标

一、知识目标

1. 熟练循环及 I/O 指令的使用。
2. 掌握中断处理和机器外部信号的控制方法。

二、技能目标

1. 能按照要求编制根据 I/O 信号来运动的机器人程序。
2. 会进行离线仿真和现场示教。

三、素养目标

1. 养成严谨的逻辑思维和自主查阅资料学习的习惯。
2. 形成良好的编程示教习惯。

工作任务

在工作站（工作站整体结构见图 6-1）中编写机器人程序，完成传送带物料输送到位后，机器人从传送带上将物料取走，摆放到指定的物料盘中，要求按照从右到左的顺序摆放，物料盘中有摆放槽，物料要放到摆放槽中。在搬运过程中，如果在工作站中按下 "停止" 按钮，则机器人要停止工作（注意：这里停止不是急停）；重新按下 "启动" 按钮后，机器人继续后续的工作。"启动" 和 "停止" 按钮在 Robot-Studio 中通过仿真工作站 I/O 信号模拟。要求利用项目五中建立的仿真工作站进行机器人编程并仿真运行无问题后，再将程序导入实际工作站中，示教运行完成物料的搬运动作。

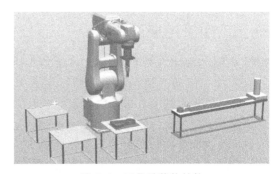

图 6-1 工作站整体结构

任务一　编程思路设计

任务描述

为了实现项目中的搬运功能，需进行总体编程思路设计。要清楚地描述机器人的工作流程，绘制出流程图，为后续的程序编制提供依据。

知识引导

一、机器人的通信

本任务中，机器人与传送带之间要进行通信，实现当传送带的物料到达终点时，机器人去夹取物料。机器人能够通过信号知道物料是否到达终点，机器人通过判断 I/O 信号变量的值来获得外部传入给机器人的信号。

本任务中使用的是输入信号，即外部送给机器人的信号。该信号只有两个值：1 和 0。当物料达到传送带终点时，终点位置的传感器识别到物料的存在，会给机器人传入信号 1；当物料未到达终点时，终点位置的传感器没有识别到物料的存在，会给机器人传入信号 0。编程时通过判断输入信号的值就可以知道物料是否到达传送带终点。

二、程序的中断

程序中断是指计算机执行现行程序的过程中，出现某些急需处理的异常情况和特殊请求，CPU 暂时终止现行程序，而转去对随机发生的更紧迫的事件进行处理。在处理完毕后，CPU 将自动返回原来的程序继续执行。程序中断不仅适用于外围设备的输入输出操作，也适用于对发生的随机事件的处理。

处理器处理"急件"可理解为一种服务，是通过执行事先编好的某个特定的程序来完成的。这种处理"急件"的程序被称为中断服务程序。

实践操作

一、工作流程描述

机器人搬运总体工作流程如图 6-2 所示：机器人首先运动到初始位置，即 home 点，接下来机器人末端工具运动到传送带终点物料的上方点位等待，当传送带终点有物料到位后，垂直下落到取物料点位，夹取物料后，向上抬起到上方点位，再移动到放料点位上方，垂直下落到放料点位后放下物

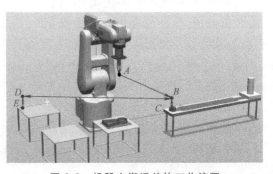

图 6-2　机器人搬运总体工作流程

料，机器人抬起。然后运动到传送带终点物料的上方点位，等待物料再次到位（即 $A{\to}B{\to}C{\to}B{\to}D{\to}E{\to}D{\to}B$），重新开始夹取传送带上终点的物料，其过程与第一个物料一致，只是点位不同，重复动作 4 次，完成 4 个物料的取放。

二、流程设计

根据流程描述，可以设计出如图 6-3 所示的程序流程图。

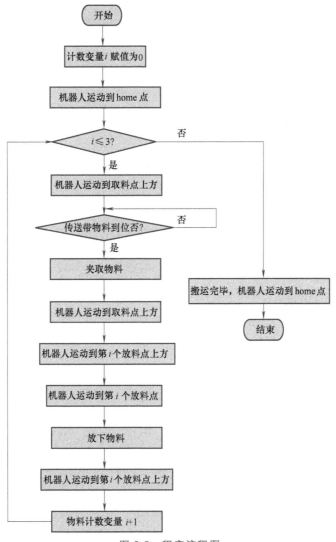

图 6-3 程序流程图

三、启动和停止功能

1. 启动

本启动功能通过工作站的"启动"按钮来实现。如果没有实际工作站，在 RobotStudio 中也可以进行模拟。"启动"按钮在实际工作站中为复归型按钮。当"启动"按钮被按下时，启动信号给机器人传入 1 信号；当"启动"按钮松开时，启动信号给机器人传入 0 信号。

在机器人开启自动模式后，按下"启动"按钮，机器人开始运行程序，程序将从 main 的第一行开始运行。

当机器人"停止"按钮被按一次后，再次按"启动"按钮，机器人将继续运行，而不是从头开始运行，这个功能恰恰是中断能够实现的。当按下"启动"按钮后，启动中断处理程序，恢复机器人的动作，回到主程序，运行主程序，执行主程序中的代码。

2. 停止

通过中断来实现停止。当按下"停止"按钮后，启动中断处理程序，停止机器人的动作，回到主程序运行。因为使用了停止运动的功能，程序代码将停止执行运动指令。

思考与练习

1. 解压素材"项目六"文件夹中的"练习 6_1_1. rspag"文件，分析实现将传送带传递过来的物料按照素材"项目六"文件夹中"练习 6_1_1. exe"视频文件所展示的码垛工作流程，并写出流程描述，工作站中的信号包含启动信号、停止信号，流程中要写出中断的说明。

2. 画出第 1 题的主程序流程图。

任务二　使用指令编程

任务描述

按照任务一中分析的程序流程编写机器人 RAPID 程序，实现机器人将传送带传递过来的物料搬运到指定位置，并当按"停止"按钮时机器人停止运行，当按"启动"按钮时机器人继续运行。

知识引导

一、WaitDI 指令

在工作站中的传送带终点位置有一个传感器用于检测产品是否到达。若有产品到达，则机械手将其搬运到指定位置。因此机器人需要等待传感器传过来的检测信号，当检测信号为二进制 1 时，表明物料到达，执行下一步搬运指令；否则就等待，直到检测信号为 1。这里使用的等待指令为 WaitDI，其语法格式为

WaitDI 输入信号名，值；

例如等待检测信号为 1，使用的指令为

WaitDI di_05_ssdjc, 1;

二、robtarget 变量

robtarget 变量为目标点类型的变量，变量可以保存点位信息，变量的值是可以变动的。变量的值可以根据程序要求而变化，计算出来的点位可以保存到变量中。点位变量的声明格式为

VAR robtarget 目标点变量名；

声明变量时可以不赋初始值，在使用时赋值，赋值语句为

目标点变量名：=点位信息；

三、motion adv 指令

1）Stopmove 指令：即停止机器人运动指令，机器人将停止正在进行的运动。

2）Storepath 指令：存储已生成的最近路径。

3）Startmove 指令：即重新启动机器人指令，使机器人继续运动。

4）Restopath 指令：重新生成之前存储的路径。

四、程序模块

程序模块可以认为是文件夹，用于存储例行程序。为了方便进行分类和模块化编程，可以建立多个不同的模块。在模块中建立例行程序，所有的程序功能代码要编写在例行程序中。模块中的程序数据声明放在模块中例行程序外，通常放在所有例行程序上方。

模块的代码为

MODULE 模块名

程序数据声明；

例行程序；

ENDMODULE

五、例行程序

例行程序是在模块中建立的，可以认为是 C 语言中的函数。RAPID 例行程序有 3 种：Procedure，Function 和 TRAP。

1）Procedure 没有返回值，可用指令直接调用，通过调用执行例行程序。

2）Function 有特定类型的返回值，必须通过表达式调用。

3）TRAP 例行程序提供处理中断的方法。

TRAP 例行程序和某个特定中断连接，一旦中断条件满足，将被自动执行。TRAP 例行程序不能在程序中直接调用。

例行程序可以互相调用，调用方法是直接在代码中写出例行程序名后加分号。

六、中断程序的编制

TRAP 例行程序为中断处理程序，实现对中断的处理。其语法格式为

TRAP 中断处理程序名

中断处理程序语句；

ENDTRAP

在 Procedures 或 Functions 例行程序中编写调用 TRAP 例行程序。一个中断例行程序必须通过 CONNECT 指令与某个特定的中断连接。一旦中断触发，控制会立即转移到相应的 TRAP 例行程序。为了调用例行程序，在模块中先声明 intnum 类型变量。举例如下：

VAR intnum intno1：=0；

实现信号与中断处理程序关联，调用 TRAP 例行程序的方法为

```
    IDelete intno1;
    CONNECT intno1 WITH 中断处理程序名;
    ISignalDI 中断输入信号名,信号值,intno1;
```

实践操作

一、程序数据声明

在 RobotStudio 中选择"RAPID"菜单,在左侧"控制器"列表中展开"RAPID"节点,右击"T_ROB1"节点,然后选择"新建模块",在界面中输入模块名称为"Module1",单击"确定"按钮,在右侧界面中将打开该模块的代码界面,在模块开始位置声明程序数据,程序数据声明方法与项目四中一致,声明数据的代码如下:

```
MODULE Module1
    CONST robtarget home:=[[0,0,0],[1,0,0,0],[0,0,0,0],[9E9,9E9,9E9,9E9,9E9,9E9]];  ！声明
起始点
    CONST robtarget qwl:=[[0,0,0],[1,0,0,0],[0,0,0,0],[9E9,9E9,9E9,9E9,9E9,9E9]];  ！声明
取料点常量
    CONST robtarget fwl:=[[0,0,0],[1,0,0,0],[0,0,0,0],[9E9,9E9,9E9,9E9,9E9,9E9]];  ！声明放
料点常量
    VAR num i;  ！声明循环次数计数变量
    VAR robtarget qwls;  ！声明取物料点上方变量
    VAR robtarget fwls;  ！声明放物料点上方变量
    VAR intnum intno1:=0;  ！声明中断关联变量
    VAR intnum intno2:=0;  ！声明中断关联变量
    VAR bool flag1:=FALSE;  ！声明表示机器人是否为停止状态的布尔型变量
```

二、中断程序的编制

(1)中断关联程序的编制 使用单独例行程序进行中断的关联设置,在 Module1 模块中建立例行程序"init",实现初始化设置,在其中编制中断关联代码,编写代码如下:

```
PROC init()
    IDelete intno1;
    CONNECT intno1 WITH startzd;
    ISignalDI di_02_start,1,intno1;
    IDelete intno2;
    CONNECT intno2 WITH stopzd;
    ISignalDI di_04_stop,1,intno2;
ENDPROC
```

(2)中断处理程序的编制 中断处理程序为 TRAP 例行程序,两个中断对应两个例行程序,中断例行程序名称必须与关联代码中 WITH 后面的名称一致,在 Module1 模块中继续编写如下代码:

```
TRAP startzd  ！启动按钮对应的中断处理例行程序
    IF flag1=TRUE THEN  ！如果表示停止状态变量的值为真
```

```
        flag1：=FALSE；  ! 将表示停止状态变量的值设置为假
        RestoPath；  ! 重新生成之前存储的路径
        StartMove；  ! 启动机器人运动
    ENDIF
ENDTRAP
TRAP stopzd  ! 停止按钮对应的中断处理例行程序
    IF flag1 = FALSE THEN  ! 如果表示停止状态变量的值为假
        flag1：= TRUE；  ! 将表示停止状态变量的值设置为真
        StorePath；  ! 存储已生成的最近路径
        StopMove；  ! 停止机器人运动
    ENDIF
ENDTRAP
```

三、主程序的编制

在 Module1 模块中继续编制主例行程序，以最右侧为第一个放物料点代码如下：

```
PROC main ()
    init；  ! 调用中断关联例行程序,实现初始化
    reset do_04_common_fixture；  ! 释放夹爪
    MoveJ home,v150,fine,tool0\WObj：=wobj0；  ! home 为起始点
    FOR i FROM 0 TO 3 DO  ! 循环 4 次,取放 4 个物料
        qwls：= offs(qwl,0,0,30)；! 计算取料点上方点位
        MoveL qwls,v100,fine,tool0\WObj：=wobj0；  ! 运动到传送带取物料位置上方
        WaitDI di_05_ssdjc,1；  ! 等待输入信号 di_01 为 1,即等待传送带物料到位
        MoveL qwl,v30,fine,tool0\WObj：=wobj0；  ! 运动到取料点位置
        set do_04_common_fixture；  ! 夹取物料
        WaitTime 0.5；  ! 等待 0.5s,以夹稳物料
        MoveL qwls,v30,fine,tool0\WObj：=wobj0；  ! 慢速抬起
        fwls：= offs(qwl,0,-i * 50,40)；  ! 计算放料点位置
        MoveL fwls,v150,fine,tool0\WObj：=wobj0；  ! 移动到放料点上方
        MoveL offs(fwl,0,-i * 50,0),v30,fine,tool0\WObj：=wobj0；  ! 慢速下落到放料点
        reset do_04_common_fixture；  ! 释放夹爪
        WaitTime 0.5；  ! 等待 0.5s,以放稳物料
        MoveL fwls,v150,fine,tool0\WObj：=wobj0；  ! 移动到第一层放料点上方
    ENDFOR
    MoveJ home,v150,fine,tool0\WObj：=wobj0；  ! 运动到起始点
ENDPROC
```

思考与练习

1. 不使用中断如何实现启动和停止功能？

2. 解压素材"项目六"文件夹中的"练习 6_1_1.rspag"文件,按照项目六任务一中【思考与练习】题中分析的流程进行程序编制,完成搬运码垛的功能,实现素材"项目六"文件夹中的"练习 6_1_1"视频文件的运动效果。

任务三　示教点及搬运功能的运行调试

任务描述

　　针对任务二中完成的机器人程序进行示教和调试，通过示教器进行点位示教及系统输入信号设置，最终自动运行完成搬运的完整功能。要求在 RobotStudio 软件中示教点位，仿真自动运行，同时也要在真实工作站中示教点位，进行实际的自动运行。

知识引导

一、RAPID 同步

　　在"控制器"列表中对程序模块进行建立、删除或更名等操作后，这些改变不会直接变更到工作站中，需要进行同步。在"RAPID"菜单中，单击"同步"，从展开的列表中选择"同步到工作站"，这时将会把 RAPID 代码与工作站匹配，工作站中将更新代码与 RAPID 中一致。在"基本"菜单下，对机器人做的路径更改、目标点位更改等操作也不会直接变更到 RAPID 中，可以通过"同步到 RAPID"选项来实现。

二、通过示教器建立机器人信号

　　1）在编程时，需要为机器人 I/O 板的输入信号命名，可以通过示教器建立机器人信号。在示教器中单击"菜单"，选择"控制面板"，在"控制面板"中选择"配置"，进入图 6-4 所示的配置界面。

图 6-4　"配置"界面

　　2）在控制界面主题默认为"I/O System"，如果主题不是"I/O System"，则单击"主题"，从列表中选择"I/O System"，然后双击"Signal"选项，打开图 6-5 所示的界面。在这个界面中单击"添加",再打开图 6-6 所示的界面。在界面中修改"Name"值,选择"Type of Signal"(信号类型),选择"Assigned to Device"(关联 I/O 板设备),输入"Device Mapping"(I/O 板上的设备地址编号)等信息,单击"确定"。

图 6-5　Signal 类型

图 6-6　添加信号

三、系统输入设置

1. 设置方法

通过系统输入使信号名称与系统输入功能关联起来,具体方法如下:

单击"菜单",选择"控制面板",在控制面板中选择"配置",进入图 6-4 所示的界面,在界面中双击"System Input",进入图 6-7 所示的界面。在界面中单击"添加",进入图 6-8 所示的界面。选择或者输入"Signal Name"(信号名称),然后双击"Action"行,进入图 6-9 所示的界面。选择要设定的动作,然后单击"确定",重启系统,完成系统输入设置。

图 6-7　系统输入

图 6-8　设置输入信号

图 6-9　Action 值的选择

2. 常用动作

系统输入设置中常用的动作及含义见表 6-1。

表 6-1 系统输入设置中常用的动作及含义

Action 值	含　义
Motors On	电动机上电
Motors Off	电动机关闭
Start	启动运行
Start at Main	从 Main 例行程序启动
Stop	停止运行
Quick Stop	紧急停止
Motors On and Start	电动机上电并且启动运行

实践操作

一、将程序导入机器人工作站

程序编制采用离线仿真的方式，这里采取与项目四不同的方式将程序导入真实工作站。

1. 保存模块

在 RobotStudio 软件中，单击"RAPID"菜单，在左侧列表中展开"RAPID"节点，右击程序模块"module1"，弹出图 6-10 的所示菜单，选择"保存模块为"。在弹出的"保存"界面中，选择保存位置，然后单击"保存"按钮。

2. 加载模块到真实工作站

要保证计算机与真实工作站的控制器通过网线连接。

1）在 RobotStudio 软件中，新建空工作站，添加"IRB 120"机器人，然后在"控制器"菜单中单击"添加控制器"子菜单中的"一键连接"，连接到真实工作站中的控制器。

2）在"控制器"列表中将出现"服务端口"及其下面列出的"控制器系统"，展开节点到"T_ROB1"，右击该节点，从弹出的菜单中选择"加载模块"，如图 6-11 所示。在打

图 6-10　保存模块

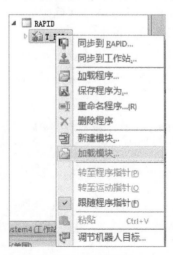

图 6-11　加载模块

开的界面中选择之前保存的模块，然后单击"打开"按钮，如果原有工作站有同名的模块，则会出现一个界面，询问是否覆盖同名的模块，这里单击"是"。经过以上操作后，程序模块将加载到真实的控制器中。

以上操作也可以在虚拟控制器中进行，将真实工作站的模块保存，然后加载到虚拟工作站中，也可以将他人编制好的模块加载到自己的虚拟控制器中。

二、点位示教

本程序需要示教三个点位，一个 home 点位，一个传送带取物料的目标点位和一个摆放台最右侧的放物料目标点位，如图 6-12 所示。因为点位名称在程序代码中的 MoveL 指令后面，因此可以直接在"程序编辑器"中通过修改位置的方法进行示教，与项目四中的方法一致。示教时，可按"可编程按键"实现夹爪的开、合切换。

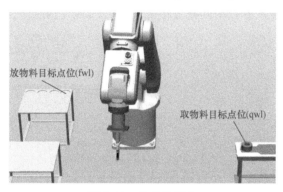

图 6-12　示教目标点

1. 示教 home 点

将机器人的末端工具调整为垂直向下状态，此点为 home 点。在示教器的"程序编辑器"中，打开 main 例行程序，在代码中单击 MoveJ 后面的"home"，选择下方的"修改位置"，完成 home 点的示教，如图 6-13 所示。

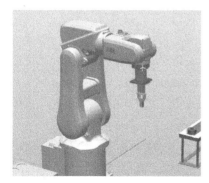
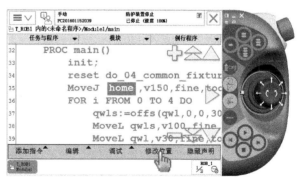

图 6-13　示教 home 点

2. 示教取物料目标点

取物料目标点要保证夹住物料时不改变位置，在代码中单击 MoveL 后面的"qwl"，选择下方的"修改位置"，完成 qwl 点的示教，如图 6-14 所示。

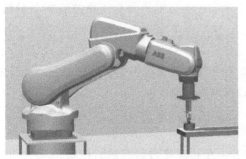

图 6-14 示教取物料目标点

3. 示教放物料目标点

示教放物料目标点（点位名称为 fwl）时，应当夹着物料进行示教。在代码中单击 MoveL 后面的 "fwl"，选择下方的 "修改位置"，完成 fwl 点的示教，如图 6-15 所示。

图 6-15 示教放物料目标点

三、设置系统输入

1. 设置输入信号

RobotStudio 仿真工作站中已经设定过此信号，不需再做设定。在真实工作站中，如果没有此信号，需要进行信号设置。

在真实工作站示教器中，进入控制面板-配置-I/O System-Signal 界面，单击 "添加"，在界面中输入 "Name" 为 "di_02_start"，设置 "Type of Signal" 为 "Digital Input"，设置 "Assigend to Device" 为 "D652"，设置 "Device Mapping" 为 "2"，单击 "确定"。提示控制器重启才能生效，因为还要建立一个信号，这里单击 "否"。

再次单击 "添加" 选项，在界面中输入 "Name" 为 "di_04_stop"，设置 "Type of Signal" 为 "Digital Input"，设置 "Assigend to Device" 为 "D652"，设置 "Device Mapping" 为 "4"，单击 "确定"。这时弹出界面询问是否重启控制器，单击 "是"，使创建的信号生效。

2. 设置系统输入动作

在 RobotStudio 仿真工作站和真实工作站中都要做此设置。示教器进入控制面板-配置-I/O System-System Input 界面，在界面中单击 "添加"，在打开的界面中，设置 "Signal Name"

值为"di_02_start"，"Action"为"Start Main"，单击"确定"后重启控制器。

四、运行调试

如果使用的是仿真调试，则在运行前需要重置到初始状态，然后再进行仿真运行调试。仿真运行调试采用单步运行调试程序。如果遇到有可能发生碰撞的情况，需要调整程序，增加中间点，以躲避碰撞。在真实工作站调试运行时，可以不放置物料，空运行程序，以检测是否会有危险，无问题后再放置物料，测试运行。

1. 仿真运行

1）仿真设定。在仿真运行时，因为通过工作站的 Start 信号启动机器人和传送带运行，在 RobotStudio 的仿真设定中不需要仿真机器人，在"仿真"菜单中单击"仿真设定"，在"仿真设定"界面中取消勾选"System1"选项，关闭"仿真设定"界面。

2）在"仿真"菜单中，单击"重置"，从列表中选择"初始状态"，使工作站和机器人恢复到运行的起始状态位置。

3）将机器人设置为自动模式。在"控制器"菜单中单击"控制面板"，在右侧出现"控制面板"界面，在界面中将操作模式选择为"自动"，单击"按下电机按钮"给电动机上电。

4）在"仿真"菜单中，单击"播放"按钮，开始仿真，此时传送带和机器人没有动作，单击"I/O 仿真器"，在右侧出现"I/O 仿真器"界面，在该界面中选择系统为"工作站信号"，在下面出现"start"和"stop"两个按钮，单击"start"启动机器人和传送带的运行。按下"stop"将停止机器人的运行，再次单击"start"，机器人将继续运行。

2. 工作站中运行

1）开启自动模式。在示教器上，将机器人的程序运行模式设置为"单周"。在控制柜上，将钥匙旋转到"自动操作"模式，按一下"电动机上电"按钮（白色），使按钮的灯为常亮状态。

2）工作站操控面板上的绿色按钮表示启动，红色按钮表示停止。按"启动"按钮后，机器人和传送带启动运行；按"停止"按钮后，机器人停止运行。再按"启动"按钮后，机器人将继续运行，实现本项目要求的功能。

思考与练习

1. 简述急停、电动机关闭、电动机上电的系统输入设置方法，并在 RobotStudio 软件中的虚拟示教器中练习设置。

2. 简述在 RobotStudio 软件中，不使用虚拟示教器的操纵杆操纵机器人运动，示教机器人点位的方法。

3. 将项目六任务二的【思考与练习】第 2 题中完成的程序进行示教调试，通过 RobotStudio 软件模拟完成点位示教和运行调试，最终完成搬运码垛的功能，以实现素材"项目六"文件夹中的"练习6_1_1"视频文件的运动效果。

参 考 文 献

[1] 田贵福，林燕文. 工业机器人现场编程（ABB）[M]. 北京：机械工业出版社，2017.

[2] 张超，张继媛. ABB工业机器人现场编程 [M]. 北京：机械工业出版社，2017.

[3] 张明文. 工业机器人编程及操作（ABB机器人）[M]. 哈尔滨：哈尔滨工业大学出版社，2019.

[4] 叶晖，等. 工业机器人工程应用虚拟仿真教程 [M]. 北京：机械工业出版社，2014.